人工智能入门

—— 常用工具

张晓明　著

人民邮电出版社

北京

图书在版编目（CIP）数据

人工智能入门：常用工具 / 张晓明著. -- 北京：
人民邮电出版社，2020.6
ISBN 978-7-115-50543-9

Ⅰ．①人… Ⅱ．①张… Ⅲ．①人工智能—软件工具
Ⅳ．①TP18②TP311.561

中国版本图书馆CIP数据核字(2019)第000685号

内 容 提 要

工欲善其事，必先利其器。要想学好人工智能，怎能没有实用的工具？这是一本轻松、可读性强的图书。它基于 Python 语言，形象地讲解了人工智能中常用的工具，帮助读者迅速掌握其用法和技巧。

本书分为 4 个单元，包括 Python 语法精讲、数据预处理和可视化、机器学习以及深度学习，涵盖了 Python、pandas、Matplotlib、Seaborn、scikit-learn、TensorFlow、Keras 这 7 种主流工具。不同于传统的图书，本书从案例出发，围绕着人工智能的典型场景，以提出问题、定义问题、解决问题、专家讲解的流程来组织内容，然后展示各种工具的适用场景、关键用法和应用技巧。

本书适合所有有兴趣了解人工智能的读者，也适合在校学生、IT 从业人员和科研工作者阅读。

- ◆ 著　　　　　张晓明
　　责任编辑　　武晓燕
　　责任印制　　王　郁　焦志炜
- ◆ 人民邮电出版社出版发行　　北京市丰台区成寿寺路 11 号
　　邮编　100164　　电子邮件　315@ptpress.com.cn
　　网址　https://www.ptpress.com.cn
　　固安县铭成印刷有限公司印刷
- ◆ 开本：800×1000　1/16
　　印张：15　　　　　　　　　　　2020 年 6 月第 1 版
　　字数：320 千字　　　　　　　　2024 年 7 月河北第 4 次印刷

定价：59.00 元

读者服务热线：**(010)81055410**　印装质量热线：**(010)81055316**
反盗版热线：**(010)81055315**
广告经营许可证：京东市监广登字20170147号

作者简介

张晓明，网名"大圣"，自由职业者、独立咨询顾问、独立讲师，国内早期的竞价搜索工程师，曾在雅虎、阿里巴巴、中国移动等大型公司担任数据专家、技术总监等职务，并为广告、电商、移动运营商、互联网金融等行业提供过技术支持与服务；拥有 15 年以上的数据挖掘、机器学习等领域的工程经验。

他曾独立写作了《大话 Oracle RAC》《大话 Oracle Grid》《Excel 商业图表的三招两式》等图书，并独立翻译了《Oracle PL/SQL 程序设计（第 5 版）》《Ext JS 实战》《用图表说话》等图书。

他在网易云课堂发布了"人工智能的数学三部曲"和"Python 大数据全栈高手速成"课程；在 51CTO 学院发布了"推荐系统工程师"微职位课程；在龙果学院发布了"深入大数据架构师之路，问鼎 40 万年薪"课程；在炼数成金平台发布了"Python 突击——从入门到精通到项目实战"课程和"突击 PySpark：数据挖掘的力量倍增器"课程。

他爱技术，爱分享，擅长对复杂晦涩的技术进行深入浅出的讲解。

个人网站：www.atdasheng.com。

自序

2018 年，我在 51CTO 学院发布了人工智能领域的"推荐系统工程师"微职位课程。上线之初，51CTO 曾经打出"9 周挑战 42 万年薪"这样一个响亮的广告语。

我在讲授该课程时经常被问到这样一个问题："要学习这门课程，得具备什么样的背景？"现在把这个问题延伸一下，即哪些人能从事人工智能？是必须要毕业于"985""211"这些高大上的学校吗，还是必须具备光鲜亮丽的留学经历或具备硕士、博士等头衔呢？我不敢妄下断言，正好借此机会跟大家聊聊我的成长经历。

我是一名毕业于医学专业的 5 年制本科生，学的和计算机专业没有一点关系。在大学期间，几乎所有的医学专业课（甚至选修课）都是"红灯高挂"，得益于同学的友情扶持才侥幸毕业，所以我是一名名副其实的"学渣"。大学毕业后当了 3 年医生，虽然曾经努力说服自己去喜欢这个职业，但是始终无法从望闻问切中获得快乐。整整 8 年的青春都浪费在毫无兴趣的医学专业上，其间苦乐种种，冷暖自知。

在被压在"五指山"的那几年，我的心情抑郁至极，百无聊赖中我在医院附近的夜大报了一个计算机学习班。由此开始，我与计算机、与 IT 结下了不解之缘，并从键盘的敲打中获得了极大的快乐与满足。在从医 3 年后，我毅然决然地放弃了"幸福的铁饭碗""可能的北京户口"，还放弃了"马上到手的福利房"（房子在北京的西北三环），义无反顾地投身于 IT"江湖"。

所以，和现在人工智能领域内具有硕博学历的人才和留洋人才比起来，我的正规本科学历与 IT 技术毫无关联，所受的 IT 教育也仅仅是来自于一所名不见经传的夜校，并且当时我只是学习过几门基础的计算机专业课程。至于计算机专业的相关文凭，也因为要考英语等课程而直接放弃。

进入 IT 行业之后，我从底层的程序员开始做起，大大小小、各行各业的软件开发过不少，C、C++、Java、Python 等编程语言也是驾轻就熟，信手拈来。在阿里巴巴从事 Oracle 数据库开发期间，有幸与国内最优秀的一群 Oracle 专家共事，并写作出版了口碑还不错的《大话 Oracle RAC》和《大话 Oracle Grid》图书，翻译了大部头《Oracle PL/SQL 程序设计（第 5 版）》，也算是小有成绩。

　　既然是从事数据工作，就一定会接触商业智能（Business Intelligence）和数据挖掘（Data Mining）。而我的起点高得"变态"，直接就是从竞价广告开始。大量"高冷"的数学公式把连微分、积分都分不清楚的我"打"得找不着北。仿佛冥冥之中感受到了数据的召唤，我再次毅然决然地主攻数据挖掘和机器学习领域，犹如当年弃医从IT那样。需要注意的是，这一切都是发生在2008年——数据科学还不温不火的年代。当时也没有这么多随处可见的教学视频和随手可得的相关图书，只能依靠有限的几本经典图书，"生啃"各种算法。受限于学习资料的欠缺，我的数据科学学习之路相当坎坷，一个如今看来简单至极的KNN算法都需要花费很长时间去学习，至于线性回归这种在今天来看是入门级的算法，当时始终无法参透。这种学习状态持续了多年，直到有一天福至心灵，醍醐灌顶，犹如武林高手打通了任督二脉，这些"高冷"的数学公式和算法才终于不在话下。我也才得以"登堂入室"，一窥数据科学之奥秘。

　　上述这些文字不是在"卖惨"，而是想告诉各位读者，在IT技术的学习中，专业、学历、背景没有那么重要，连我这样的"学渣"（我的大学同学坚持这样认为）靠自学都可以拿下，更何况聪明的你呢？

　　再者，任何一个技术行业对人才的需求都是多梯度的，既需要高精尖的研究型人才，也需要实用型的工程技术人才，二者的比例基本上为"二八开"。高精尖的研究型人才固然厉害，但是需求量小，而工程技术人才更为业界亟需。

　　如果读者有志于投身学术，志在成为研究型人才，那么基本上就要拼一下自身的一系列条件了，比如学校出身、专业背景、师承何人、论文质量与数量等。如果读者希望能在工程应用领域有一番作为，那么相对来说还是比较容易实现的。要知道，国家都已经开始在中学阶段普及人工智能教育了，它的准入门槛能有多高呢？

　　当然，门槛不高并不是说没有门槛，我要做的就是尽量"拉低"门槛，希望能帮助更多有志之士快速投身于人工智能领域并大展宏图。

　　这是本书的目标，也是我努力的动力。

致谢

感谢我的家人，没有他们的支持，本书几无问世可能。写作本书几乎耗尽了我所有的业余时间，因此我陪伴家人的时间少得可怜，尽管他们从未表达过不满，但我依然深感愧疚。

要特别感谢我的小宝贝，每当拉着他肉嘟嘟的小手时，我都会从中获得很多鼓励。

感谢本书的插画师兼审稿人茗飘飘。飘飘同学尽管对 IT 知之甚少，但为了协助"大圣"老师我完成书稿，不得不花费大量时间自行充电学习。之所以邀请飘飘参与本书的插画创作与内容审读，一方面是希望为本书添加一些趣味与特色，另一方面则是确保本书拉低人工智能领域的准入门槛——如果连零基础的 IT 门外妹都能看懂，相信对其他读者来说就更不是问题了。

前言

本书背景

人工智能时代已经来临，如果你觉得"阿尔法狗""阿尔法元"这些碾压人类的"怪兽"离我们还比较遥远，那无人驾驶、人脸识别、语音识别这些给我们生活带来极大便利的技术你总习以为常了吧！人工智能改变我们生活的步伐已经越来越快了。

普通的小白该如何入行人工智能这个格调高、门槛高、收入高的"三高"行业呢？从"调包侠"开始吧！毕竟和造车、修车比起来，开车是最容易的事情。

你可能会有疑问：搞人工智能不是要精通数学吗？不是要研究生、博士生吗？不是需要发论文吗？吾等"学渣"能拿下吗？这个疑问很能代表一大批人的想法。但是你看看现在国家在中小学开始尝试人工智能课程，你又会作何感想呢？如果你实在不自信，可以看看大圣老师的《人工智能基础——数学知识》，你会发现人工智能的数学要比你想象的简单多了。

问题不在于难不难，而在于你敢不敢！在于你要达到什么高度！

任何一个行业都需要不同层面的人才，既需要做研究的科学家，也需要不同"衣领"的打工仔。根据大圣老师的实际工作经验，这个领域的从业人员中，大约90%的人都是在做"调包侠"。

本书内容

本书包含4方面的内容：Python语法精讲、数据预处理和可视化、机器学习以及深度学习，涵盖的工具包括Python、pandas、Matploblib、Seaborn、scikit-learn、TensorFlow和Keras。

本书不同于手册式的工具书，不会详细解释每个函数的参数、用法，对于这些内容官方文档才是最好的教材。本书从案例出发，围绕着人工智能典型问题场景，以提出问题、定义问题、解决问题、专家讲解的流程来组织章节，展示各种工具的适用场景、关键用法和应用技巧。如果非要"自吹"本书的特点，就是突出实用，尽可能地突出实用。

第 1 ～ 3 章：通过具体的例子介绍 Python 语法精要，力保对编程无感的纯小白轻松跨入编程世界。

第 4 章：介绍如何使用 scikit-learn 内置的数据集，以及按需构造数据集的技巧。

第 5 ～ 6 章：介绍如何加载外部数据，包括文本数据、libsvm 格式数据以及从数据库中读取数据。

第 7 章：介绍如何利用 Matplotlib、Seaborn 进行数据可视化，从可视化中发现、分析灵感。

第 8 章：通过完整例子演示如何利用 pandas、scikit-learn 等工具进行数据预处理。

第 9 ～ 10 章：介绍什么是机器学习以及什么是回归问题、分类问题，介绍如何用 scikit-learn 完成实际任务，并展示如何通过扩展 scikit-learn 实现自定义的算法。

第 11 章：介绍如何评价建模成果以及典型问题的必备评估指标，并介绍 ROC 曲线等可视化方法和交叉验证的使用。

第 12 ～ 17 章：介绍神经网络、深度学习的基础知识。介绍 TensorFlow、Keras 两种深度学习框架的用法，并以手写数字识别、交通标志识别等真实应用为例，展示两种框架的对比和最佳实践。

本书的内容采用"边做边学"的思路来组织，我希望你不是被动地阅读本书，不是被我填鸭式地灌输各种知识。我希望你能够动手敲下书中的每一行代码，在形成最基本的"肌肉记忆"的同时能感受到亲自完成项目的愉悦。

适用读者

本书针对那些对人工智能感兴趣，却因为种种原因不敢试水的观望者。心理学家马斯洛说过："要做的唯一有气魄的事就是不要害怕错误，投身进去，尽力而为。"

读者反馈

如果你有幸看到这本书，觉得本书对你有帮助，已经是对大圣老师最大的肯定了。如果你还能在豆瓣找到本书写个评论，又或者在微博、微信上发条信息，大圣老师会更有动力把这个事业进行下去。

由于大圣老师水平有限，虽然对本书做过多次审校和修改，但书中仍会有不足和疏漏之处，恳请你给予批评指正。

资源与支持

本书由异步社区出品，社区（https://www.epubit.com/）为您提供相关资源和后续服务。

配套资源

本书提供如下资源：

• 本书部分彩图文件。

要获得以上配套资源，请在异步社区本书页面中点击配套资源，跳转到下载页面按提示进行操作即可。

提交勘误

作者和编辑尽最大努力来确保书中内容的准确性，但难免会存在疏漏。欢迎您将发现的问题反馈给我们，帮助我们提升图书的质量。

当您发现错误时，请登录异步社区，按书名搜索，进入本书页面，选择"提交勘误"，输入勘误信息，单击"提交"按钮即可。本书的作者和编辑会对您提交的勘误进行审核，确认并接受后，您将获赠异步社区的 100 积分。积分可用于在异步社区兑换优惠券、样书或奖品。

扫码关注本书

扫描下方二维码，您将会在异步社区微信服务号中看到本书信息及相关的服务提示。

与我们联系

我们的联系邮箱是 contact@epubit.com.cn。

如果您对本书有任何疑问或建议，请您发邮件给我们，并请在邮件标题中注明本书书名，以便我们更高效地做出反馈。

如果您有兴趣出版图书、录制教学视频，或者参与图书翻译、技术审校等工作，可以发邮件给我们；有意出版图书的作者也可以到异步社区在线提交投稿（直接访问 www.epubit.com/selfpublish/submission 即可）。

如果您是学校、培训机构或企业，想批量购买本书或异步社区出版的其他图书，也可以发邮件给我们。

如果您在网上发现有针对异步社区出品图书的各种形式的盗版行为，包括对图书全部或部分内容的非授权传播，请您将怀疑有侵权行为的链接发邮件给我们。您的这一举动是对作者权益的保护，也是我们持续为您提供有价值的内容的动力之源。

关于异步社区和异步图书

“异步社区”是人民邮电出版社旗下 IT 专业图书社区，致力于出版精品 IT 技术图书和相关学习产品，为作译者提供优质出版服务。异步社区创办于 2015 年 8 月，提供大量精品 IT 技术图书和电子书，以及高品质技术文章和视频课程。更多详情请访问异步社区官网 https://www.epubit.com。

“异步图书”是由异步社区编辑团队策划出版的精品 IT 专业图书的品牌，依托于人民邮电出版社近 30 年的计算机图书出版积累和专业编辑团队，相关图书在封面上印有异步图书的LOGO。异步图书的出版领域包括软件开发、大数据、AI、测试、前端、网络技术等。

异步社区

微信服务号

目录

第1章

Python 语法要素

从这一章开始，我们就正式进入编程训练了。

1.1 用模块组织代码

我们用 Python 编程时，写的代码都是放在文本文件中，习惯上会用 .py 作为这些代码文件的扩展名。就好像已经习惯了 word 文档的扩展名是 .doc，一看到 .xls 就知道是 Excel 文件，同样，一看到 .py 我们就知道这是个 Python 的代码文件。这一个个的 .py 文件就是一个个模块。

可见，Python 世界中的模块，就是指以 .py 为扩展名的 Python 源码文件，每一个 Python 源码文件就是一个模块。

一个典型的 Python 模块的样式如图 1-1 所示。

```
1   #!/usr/bin/python
2   # encoding: utf-8
3
4   """
5   author: 大圣
6   contact: 626494970@qq.com
7   @file: convert_img_to_png.py
8   """
9
10  from  PIL import Image
11  import os
12  from getopt import getopt
13  import sys
14
15  error = 5
16
17
18  def convertToPNG(imgfilename):...
51
52
53  def saveTransPng(imgdata, filename):...
55
56
57  if __name__ == '__main__':
58      file_name = os.path.basename(_file_)
```

图1-1　Python模块样式

一个 Python 文件的头两行通常都是这个样子的：

```
1. #!/usr/bin/Python
2. # encoding: utf-8
```

Python 中用符号 # 表示注释，# 后面的内容都被当作注释处理。

第 1 行注释是为了告诉 Linux 或 OS X 系统 Python 可执行程序放在什么位置，Windows 系统会忽略这个注释。为了保证代码可移植，Python 代码的第 1 行通常会加上这句话。

第 2 行注释是为了告诉 Python 解释器，用 UTF-8 编码来读取源代码，否则你在源代码中编写的中文文字会无法解析。

UTF-8 的声明方式

声明 UTF-8 还有另外两种写法：

-*-coding:utf8-*-

coding:utf8

声明文件是 UTF-8 编码的方式一共有 3 种，读者任选其一即可。

1.2　模块的两种使用方式

Python 模块（一个以 .py 结尾的脚本）有两种使用方式：直接运行和引用模式。

我们来编写第一个脚本 Hello.py，脚本内容如下：

Hello.py

```
1. #!/usr/bin/python
2. # encoding: utf-8
3. from __future__ import print_function
4. print('Hello Python')
```

然后打开一个命令行窗口，输入下面命令：

```
python Hello.py
```

如果一切运行正常，你会在屏幕上看到 "Hello Python" 的输出，如图 1-2 所示。这种方式就是直接运行模块的方式。

```
E:\code>
E:\code>python hello.py
Hello Python
```

图1-2　直接运行方式

引用模式把模块作为资源库使用，我们可以在模块中定义一些常量、方法和类，然后在其他模块中使用它们。这时要用到 import 指令，import 后面跟的是模块名字，就是文件名去掉了 .py 这个后缀。比如上面 Hello.py 中的第 3 行代码就是引用的例子。它的功能是从一个叫 __future__ 的模块（即 Anaconda 安装目录下的 LIB 目录下的 __future__.py 文件，见图 1-3）中导入一个叫 print_function 的函数。

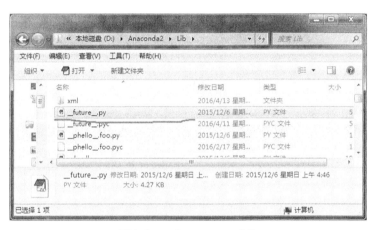

图1-3　__future__.py文件

Python 2和Pyhton 3的区别

Python 2 和 Python 3 一个非常显著的区别就是 print 的用法不同。

在 Python 2 中，print 是一个操作符，使用方式是 print "Hello Python"（不带括号）。

在 Python 3 中，print 变成了函数，使用方式是 print（"Hello Python"）（带括号）。

这两种方式不兼容，即 Python 2 的写法在 Python 3 中不能执行，反之亦然。

为了屏蔽二者的区别，通常会使用 Hello.py 中的第 3 行代码。这样，我们就可以统一使用 Python 3 的写法，这样的代码在 Python 2 或者 Python 3 中都能运行。

1.3   编程的语法要素

初次接触编程的读者需要先熟悉两个概念：变量和代码块。我们用一个生活中的例子来解释。我想让机器人"大白"给我做份西红柿炒鸡蛋。那我得告诉他两件事情：用哪些材料（鸡蛋、西红柿、盐、锅碗瓢盆）以及怎么做（先把鸡蛋打碎搅匀、西红柿洗干净、切碎，然后把锅烧热，放油等）。

这两个内容从编程的角度来看就是数据（鸡蛋、西红柿、盐、锅碗瓢盆等材料）和算法（制作步骤）。

所以，所谓编程，就是人们告诉计算机怎么干活的一种方法。程序员通过编写一种叫作"代码"的说明来告诉计算机要用什么样的步骤（算法）处理哪些原材料（数据）。

编程的语法要素就两个：

- 变量（对应着数据）；
- 代码块（对应着算法）。

让大白炒西红柿鸡蛋这件事，程序员要做的就是写出下面这样一段叫"代码"的文字：

大白炒西红柿鸡蛋伪代码

- m = 一只锅
- x = 一个鸡蛋
- y = 一个西红柿
- z = 盐
- x_plus = 打碎并搅匀(x)
- y_plus = 清洗并切片(y)
- 烧热(m)
- 西红柿炒鸡蛋 = 炒(x_plus,y_plus,z)

然后把这个"代码块"丢给计算机执行。如果一切顺利的话，我很快就可以吃到大白做的西红柿炒鸡蛋了。

1.3.1   变量

变量就像人的名字一样，是个代号。名字本身没有意义，那个有血有肉的人才是鲜活的，名字的意义就是通过这个代号找到那个鲜活的生命体。

变量也是一样，变量本身就是个符号，意义在于计算机通过它能够找到那些真实的数据。

我们可以想象，在计算机内部的世界中，我们要操作的数据是一个个飘游不定的"小精灵"，它们在一个叫"内存"的神秘空间中神出鬼没，那 CPU 是怎么找到它们呢？就是通过它们的名字——变量。

所以，变量就是个抓手、就是个指针，它的意义是找到那些放在计算机内存中的数据，仅此而已。

1.3.2　变量的数据类型和运算

就像鸡蛋和西红柿不是同一种原材料，变量也是有不同类型的。常见的数据类型有以下几种。

- 数字类型：又可以细分成整型（没有小数部分）和浮点型（带小数部分）。
- 布尔类型：True、False。
- 字符串。
- 日期时间。
- None：表示啥也没有。

数据之间可以进行运算，但不同的数据类型可做的运算是不同的。数字之间可以做加减乘除四则运算，但两个字符串之间就不行。常见的运算如下。

- 四则运算：+、-、*、/。
- 除法取余：%。
- 除法取整：//。
- 乘方：**。
- 比较操作：>、<、>=、<=、!=、==。
- 逻辑运算：用于多个条件判断。
  - and：要求多个条件同时成立时，我们用 and 连接多个条件。
  - or：多个条件有一个成立即可时，我们用 or 连接多个条件。
  - not：对条件结果取反。

接下来我们用一个具体的例子来实际演练这些内容。

1.4　代码实战 1：计算二维空间两个点的距离

这个例子要计算二维空间中两个点的距离，并判断距离是否大于 2 并小于 5，如果是，则打印距离的值，否则打印一句话。

我们操作的是二维空间中的点，每个点会有（x，y）两个坐标值，两点（x_1，y_1）、（x_2，y_2）之间的距离公式是 $d=\sqrt{(x_1-x_2)^2+(y_1-y_2)^2}$。

计算两个点的距离

```
1. #!/usr/bin/python
2. # encoding: utf-8
3. from __future__ import print_function
4.
5. #首先定义 4 个变量，代表两个点的 4 个坐标
6. x1 = 10
7. y1 = 20
8. x2,y2 =13, 19
9. #计算两点之间的欧氏距离， ** 代表乘方运算；
10.dist = ((x1-x2) ** 2 + (y1-y2)** 2) ** 0.5
11.
12.#距离是否大于等于 2 并且小于 5
13.if dist>= 2 and dist<5:
14.    #距离符合要求，打印出距离的值
15.    print(dist)
16.else:
17.    print('No')
```

读者可以把上面这段代码保存到一个模块文件中，比如 dist.py，然后在命令行窗口中输入：

```
python dist.py
```

如果在屏幕上看到图 1–4 所示的输出就表明成功了。

```
E:\code>python dist.py
3.16227766017
```

图1-4   计算两个点的距离

在这个例子中，我们一共有 4 个要参与计算的数据，所以定义了 4 个变量。但如果有更多的数据怎么办？难道每个数据都定义一个变量吗？有没有更优雅的方式呢？这就要用到数据结构了。所谓数据结构，就是研究一大堆数据该如何组织和使用。

1.5 数据结构

还是以大白炒西红柿鸡蛋为例，大白被派到学校食堂做饭，这个学校的每个学生来校时会带着自己的鸡蛋和西红柿。这次大白要做的是先把学生们的食材收集起来，做好编号，要能够准确无误地把每个同学的鸡蛋和西红柿从一堆鸡蛋、西红柿中挑出来。

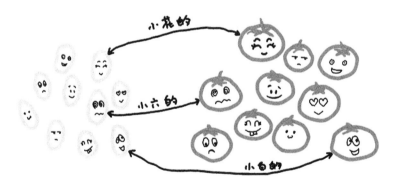

之前我们给大白的代码是这样的：

```
m = 一只锅
x = 一个鸡蛋
y = 一个西红柿

...
```

我们为鸡蛋和西红柿都定义了变量。但现在是一堆鸡蛋和一堆西红柿，难道每个都这么来一遍吗？太麻烦了。所以要想个办法来组织这一堆鸡蛋和西红柿，于是就有了数据结构。

所谓数据结构，就是装载一堆数据的容器。

所有的数据结构都是容器，都是用来放一堆数据的。区别就在于怎么放进去、怎么拿出来，放得是否费劲，拿的姿势是否优雅、快速。比放进去更重要的是如何拿出来。

按照技术实现方式，常见的数据结构有列表、元组、字典、集合等。其中，列表和字典比较重要和常用，故重点介绍。

列表是一块连续的空间，可以把它想象成宿舍楼中一个挨着一个的格子间，每个房间都会有一个编号。然后房间里面住着学生张三或李四。房间编号和房间中的学生是两个不同的对象。

列表也是如此。列表的每个槽位也有一个数字编号，编号从 0 开始，以 1 为间隔递增：0、1、2、3……而数据就放在其中的某个槽位中，所以元素位置编号和元素值是两回事。

就我们这个例子来说，大白必须记住每个学生的槽位的数字编号，而且只能通过这个数字编号去拿出学生所带来的鸡蛋和西红柿。

如果用伪代码表示大概就是这样：

```
1. #大白准备了两个列表，分别放鸡蛋和西红柿,[]表示列表
2. #大白必须把小明的放在0号槽位、小红的放在1号槽位、小花的放在2号槽位
3. x = [小明的鸡蛋, 小红的鸡蛋, 小花的鸡蛋]
4. y = [小明的西红柿, 小红的西红柿, 小花的西红柿]
5.
6. #大白必须记住小明的编号是0，小红的编号是1，小花的编号是2
7. 小明的鸡蛋炒西红柿 = 炒(x[0],y[0])
8. 小红的鸡蛋炒西红柿 = 炒(x[1],y[1])
```

如果这样做，大白需要记住每个同学的编号，大白很崩溃！

相比列表只能用数字对槽位进行编号，字典就比较人性化了。我们可以用任何一种方式进行编号，可以用数字，可以用时间，可以用字符串，或者更复杂的方式。这就给大白提供了更加方便的访问方式，代码的可读性会更好。

用字典表示如下所示:

```
1. #大白准备了两个字典,分别放鸡蛋和西红柿,{}代表字典
2.
3. #大白用同学的名字作为槽位的编号
4.
5. x = {'小明':鸡蛋,'小红':鸡蛋,'小花':鸡蛋} #{}代表字典
6. y = {'小明':西红柿,'小红':西红柿,'小花':西红柿}
7.
8.
9. 小明的鸡蛋炒西红柿 = 炒(x['小明'],y['小明'])
10. 小红的鸡蛋炒西红柿 = 炒(x['小红'],y['小红'])
```

大白终于不用记编号了,大白很开心!

大白的故事就到这里,下面是严肃、科学的讲解。

1.5.1 列表

Python 的列表能够保存不同数据类型的元素,我们可以用 [] 或 list() 创建列表变量。下面这两种写法是等价的:

创建列表变量

```
1. A = [1,2,3,4]
2. B=list([1,2,3,4])
```

放在列表中的每个元素都有一个位置编号,叫作下标。操作列表中的元素都要通过下标进行。我们可以想象列表中元素的顺序是从左向右排列,第一个元素在最左侧,最后一个元素在最右侧。第一个元素的下标是 0,后面的元素下标依次是 1,2,3,…

列表下标也可以是负数,负数就表示从右向左的反向编号,这时最后一个元素编号是 –1,然后依次是 –2,–3,–4,…

两种编号方式的对比如图 1-5 所示。

字符串本身就是个列表,接下来以 s='Hello Python' 这个字符串为例。

如果我们想得到字符串的第一个字符,可以用 s[0] 来获得。如果想得到最后一个字符 n,可以用 s[-1] 来获得,实现代码如下:

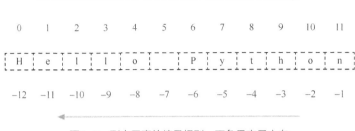

图1-5　列表元素的编号规则，正负号表示方向

访问列表元素

```
1.   S='Hello Python'
2. print(S[0])
3. #输出 H
4. print(S[-1])
#输出 n
```

1.5.2　字典

如果不追究实现细节，字典可以看作允许自定义下标的列表，这个下标可以是人名，可以是日期，当然也可以是数字或者更复杂的结构。

既然下标是自己定义的，因此在向字典中放入元素时就要同时提供下标和元素值。下标也叫作键（key），元素叫作值（value）。所以也可以说字典其实就是键值对的容器。

我们可以用下面两种方式创建一个字典变量，这两种方式完全等价：

创建字典变量

```
1.  x= {key1:value,key2:value}
2.  x = dict(key1=value,key2=value)
3.
```

字典的使用方式有以下特点。

- 用 [key] 访问字典中的某个元素。
- 可以用 key in dict 语法判断字典中是否有某个 key。
- key 必须是不可变的对象，对 value 没有要求。

1.6　代码实战 2：计算三维空间中两个点的距离

我们用一个例子来深化 1.5 节的内容，这次要计算的是三维空间中两个点的距离。

三维空间中的每个点有 3 个坐标 (x, y, z)，怎么表达两个点的 6 个坐标呢？

当然你可以定义 6 个变量：x_1、x_2、y_1、y_2、z_1、z_2，但是这种方法显然太啰唆，我们可以分别尝试用列表和字典来表示。

先看列表版的实现代码。

列表版计算两点距离

```
1. p1 = [10,20,30]
2. p2 = list([11,14,23])
3.
4. #访问列表中的元素时，需要知道下标是多少
5. #从左向右数时，第一个元素的下标是0，第二个元素的下标是1，后面依次递增
6. #从右向左数时，下标会变成负数，最右边的下标是-1，倒数第二个是-2，向前依次递减
7. dist = ( (p1[0]-p2[0])**2 +\
8.          (p1[1]-p2[1])**2 +\
9.          (p1[-1]-p2[-1]) ** 2 \
10.         ) ** 0.5
11.
12.print(dist)
```

在列表版实现中，我们必须约定好列表中的元素顺序是 $[x, y, z]$，放和取都要遵守这个顺序，否则计算结果就会有错误。

再看字典版的实现代码。

字典版计算两点距离

```
1. p1 = {'x':10,'y':20,'z':30}
2. p2 = {'x':11,'y':14,'z':23}
3.
4. dist = ( (p1['x']-p2['x'])**2 +\
5.          (p1['y']-p2['y'])**2 +\
6.          (p1['z']-p2['z']) ** 2 \
```

```
7.        ) ** 0.5
8.
9. print(dist)
```

在字典版中，我们不需要关心存放顺序，因为我们是用 'x'、'y'、'z' 这样的字符去提取数据的，所以肯定不会出错，代码的可读性也会好一些。

字典虽然有一定的好处，但是字典要比列表占据更多的内存空间。它们有各自的适用场景，不是说字典一定比列表好。

第**2**章

语法结构

大白在炒西红柿鸡蛋的过程中，难免会遇到一些异常情况，比如一个臭鸡蛋或者一个烂西红柿。大白该怎么做，是视而不见地都扔到锅里炒，还是扔掉呢？大白不知道答案，我们得告诉它该怎么做。

再有，假设大白有味觉感应器，能尝咸淡，那么我们可以教它炒菜过程要加盐、加糖，不断地加，直到适量。这又该怎么做呢？

从编程的角度看，我们需要两种特殊的语法结构：分支结构和循环结构，它们都是根据当前的环境场景选择接下来要做的工作。我们之前那种一条道走到黑的结构叫作顺序结构，这 3 种结构如图 2-1 所示。

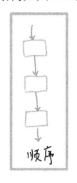 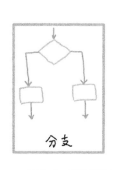 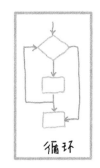

图2-1　三种结构

分支结构保证大白不炒出一锅臭鸡蛋烂柿子，循环结构能让大白控制火候和咸淡。

2.1　分支结构

Python 中用 if … else 表达分支结构。一个 if … else 代表了两个分支，如果需要多个分支，就要用到 if ··· elif ··· elif ··· else 这样的语法了，如图 2-2 所示。

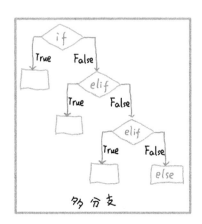

图2-2   分支结构

其他语言有类似于 switch、case 这样的语法专门支持多分支结构，但 Python 没有这样的语法。

所以，我们像下面这样告诉大白：如果西红柿烂得不厉害，可以把坏的地方削掉，否则就直接扔掉：

```
1.  if 坏的面积 < 1/2 :
2.      削掉坏的部分
3.      留下好的部分
4.  elif 坏的面积 >= 1/2:
5.      扔进垃圾桶
6.  else :
7.      这是个完美的西红柿
```

这样就避免了一颗老鼠屎毁了一锅汤的风险。除此之外，大白还需要具备调节咸淡的能力，这时就用到循环结构。

2.2   循环结构

循环结构可以不断地检查环境情况并做出反应。Python 中有两个循环结构：for 和

while，二者分别用于不同的场景。

- while 循环多用于检查某个特定条件是否成立。
- for 循环用于遍历一个数据结构（列表、字典、元组等），依次取出其中的每个元素。

为了不让大白炒出一盘咸菜，我们会写这样的代码：

```
1. while 咸度 <= 0.05 :
2.    放1克盐
3.    翻炒10下
4.    ……
5. 咸淡合适，上桌开吃
```

如果让大白给所有同学服务，我们会写这样的代码：

```
1. for 某学生 in 全体学生列表：
2.    给某学生炒菜
3.    ……
4. 可算干完了，好累呀
```

2.2.1　退出循环

代码进入循环后必须要有结束循环的出口，否则大白就进入"魔怔"模式，不停地炒不停地炒，直到"口吐白沫不省人事"。

对于 while 来说，while 后面跟的条件就是结束循环的出口。一旦条件的评估结果为 False，while 循环结束。

对于循环来说，隐含的退出条件是遍历了集合中的每个元素。一旦处理完最后一个元素，循环就结束退出。

如何在这中间插入提前退出的"后门"呢？这就用到 break、continue 两种中途退出功能了。break 是终止整个循环，continue 是结束本轮迭代，继续下一轮迭代。

比如，在大白炒菜的循环中，如果某个同学突然请假不在食堂吃饭，那么大白就可以不炒他这一份，但是要继续给其他同学炒菜。

如果学校突然通知放假，那么大白就可以休息，而不管还剩下多少份没炒，用代码表示就是：

```
5. for 某同学 in 全体同学：
6.   if 某同学请假：
7.       continue  # 如果该同学请假，将跳过后续，回到 for 执行
8.   elif 学校放假：
        break   # 如果学校放假，将跳出 for 循环，执行后面的程序
      给某同学炒菜 #如果某同学没有请假，学校也没放假，大白只好干活了

......
```

2.2.2　else

循环语句的退出可以分成两种：正常退出和非正常退出。只要是用 break 终止的就是非正常退出，其他都是正常退出。为了区分这两种退出，Python 的循环语句（包括 while 和 for）可以带 else 子句，这也算是 Python 的一个特色，其他如 C、Java 是没有这个功能的。

只要是正常退出的循环，后面的 else 就会得到执行，否则 else 不会得到执行。

比如说，每次大白正常炒菜结束后，都需要充电一小时然后才能打扫食堂卫生。如果不是正常结束，那么大白可以直接打扫卫生，那就可以这么说：

```
9. for 某同学 in 全体同学：
10. if 某同学请假：
11.     continue # 如果该同学请假，将跳过后续，回到 for 执行
12.  elif 学校放假：
13.    break  # 如果学校放假，将跳出 for 循环
14.  给某同学炒菜 #既没有 continue 退出，也没有 break 退出，只好继续炒菜
15.
16.else：
      大白辛苦了，充电一小时
17.
18.大白打扫食堂卫生
```

2.3　代码实战：计算高维空间两个点的距离

最后，我们用一个例子串联这一章的内容：这次我们计算高维空间中两个点的欧式

距离。再加上一个小小的要求：要求每个点的每个坐标必须非负才可以计算距离，否则返回结果 −1：

高维空间两个点的距离

```
1. #我们用列表来记录高维空间中点的坐标
2. p1 = [10,20,-1,13,35,23,12,44,13]
3. p2 = [12,2,17,14,34,24,2,4,3]
4.
5. dist = 0
6. #首先，保证两个点的维度相同，否则无法计算,len函数返回一个列表的长度
7. if len(p1) != len(p2) :
8.     print('can not compute distance')
9.     exit(1)
10.#其次，用zip函数取出两个点的同维度坐标进行计算
11.for i1,i2 in zip(p1,p2):
12.    if i1 <0 or i2 < 0: # 如果有负数，直接break，返回结果-1
13.        dist = -1
14.        break
15.    dist += (i1-i2)**2 #否则，正常计算
16.else :
17.    dist = dist ** 0.5
18.    #如果代码执行到这里，就说明两个点的坐标符合要求，可以计算出距离
19.
20.print(dist) #打印最后结果
```

最终结果是 −1，因为点 p1 的坐标中有个 −1 存在。你可以把 −1 换成 1，结果应该是 48.856 934 001 2。

第3章

函数和类

在编程世界中，有 3 种编程范式：过程式编程、面向对象编程和函数式编程。

我们大可不必纠结于这些吓人的名字，只需要知道一件事！！！

所有的编程哲学都围绕一个问题：代码重用。

过程式编程和函数式编程通过定义函数实现代码重用，而面向对象通过所谓的类的概念实现代码重用。

我们先从函数说起。

3.1 函数

在第 2 章中，我们编写了一个比较复杂的距离计算的代码，里面融合了各种语法结构，包括循环、分支，我们很骄傲。

如果以后在其他的项目中还需要相同的距离计算功能怎么办呢？复制、粘贴吗？要不要这么低阶啊？

如果你意识到这个问题，觉得复制粘贴很小儿科。我只能说：少年，你很有做架构师的天赋!

3.1.1 定义函数

我们可以通过函数的方式实现第一重代码重用。Python 中定义函数的语法有两个：分别是 def 和 lambda。前者定义一个有名字的函数，后者用于定义匿名函数。

用 def 定义函数的语法是这样的：

```
1. def 函数名 (参数列表) :
2.     函数体
3.     函数的返回值
```

我们先不管语法细节，先照猫画虎看看怎么定义和使用函数。

3.1.2　代码实战：距离函数

我们看具体的例子，如果想把第 2 章中距离计算的代码封装成函数，可以这样做：

距离函数

```
1. def euDistance(p1,p2):
2.     dist = 0
3.     if len(p1) != len(p2) :
4.         print('can not compute distance')
5.         return -1
6.
7.     for i1,i2 in zip(p1,p2):
8.         if i1 <0 or i2 < 0:
9.             dist = -1
10.            break
11.        dist += (i1-i2)**2
12.    else :
13.        dist = dist ** 0.5
14.    return dist
```

[代码说明]

- 第 1 行代码定义了一个名叫 euDistance 的函数，该函数需要两个参数 p1、p2，分别代表两个点。
- 第 2 ~ 14 行代码都是函数体，注意函数体要和第一行 def 语句有一定的缩进关系。
- 第 14 行的 return 语句定义的是函数的返回值，这里把计算结果作为返回值返回给调用者。

完成了函数定义后，我们该怎么使用这个函数呢？假设刚才这个函数被保存到一个 tools.py 文件中，我们可以在其他模块中这么使用它：

在其他模块中使用函数

```
1. from tools import euDistance
2. dist = euDistance((10,10),(20,20))
3. print(dist)
```

［代码说明］

- 第 1 行代码：我们从 tools 模块（其实就是 tools.py 文件）中先把函数导入。
- 第 2 行代码：调用函数，传入两个点坐标作为参数，得到函数返回结果，并用变量 dist 把函数计算结果保存下来。
- 第 3 行代码：打印计算结果。

我希望读者通过这个例子能够理解：函数本质是一种代码重用的方式，也是体现"码农"软件设计能力的基本功。

说句题外话，做设计和写代码其实是两种技能，二者没有依赖关系！只不过国内很多人会觉得代码写的多的人设计能力自然强，其实非也。要知道软件设计方法都来源于建筑学。

你觉得建筑系学生的搬砖能力和工地小哥相比如何，但为什么学建筑的人不需要先去工地搬砖呢？因为两种能力没有关系，写代码和做设计也是如此！

3.2　类和对象

本节继续讲解计算两点之间距离的示例。这次我们将用类来实现代码重用，看看应该怎么做。

Point 类

```
1. class Point(object):
2.     def __init__(self,*c):
3.         self.c = c
4.
```

```
5.      def dist(self,p2):
6.          dist = 0
7.          if len(self.c) != len(p2.c) :
8.              print('can not compute distance')
9.              return -1
10.
11.         for i1,i2 in zip(self.c,p2.c):
12.             if i1 <0 or i2 < 0:
13.                 dist = -1
14.                 break
15.             dist += (i1-i2)**2
16.         else :
17.             dist = dist ** 0.5
18.         return dist
```

[代码说明]

- 第 1 行代码：定义了一个叫作 Point 的类，它用于模拟空间中的点。object 代表 Point 是从 object 派生出的子类，于是 object 和 Point 两个类就形成了父子关系。在 Python 世界中，object 是"万物之祖"，所有的类都或远或近地是从 object 派生出来的。

- 第 2 ~ 3 行代码：定义一个 __init__ 方法，这是所谓的构造方法。所有这种以两个下划线开头、两个下划线结尾的方法都是 Python 内置的特殊方法，会在特殊的时刻被调用。当我们创建类的一个实例时，会自动地调用 __init__ 方法，执行这个方法中的代码。我们可以在这个方法中做一些初始化的操作。

  这个例子的构造方法中有一个参数 c，它代表点的坐标。由于我们并未限制空间的维数，所以坐标数可能是 2 个，也可以是 3 个，甚至是多个，也就是说坐标的数量不限。我们这里用了一个技巧：参数名字前的 * 代表可以接受任意数量的参数。

- 第 3 行代码：把传入的参数保存为对象的成员变量，self 关键字指的是对象自己。

- 第 5 ~ 18 行代码：定义了 dist 方法，它有两个参数，第一个参数 self 就是对象自己，参数 p2 代表另一个点。dist 方法的功能就是计算两个点的距离，代码逻辑和之前的完全一样。

定义好类之后，我们该怎么用它呢？

创建对象的代码如下。

创建对象

```
1. p1 = Point(1,2,3,4,5)
2. p2 = Point(2,3,3,2,4)
3. #
4. print p1.dist(p2)
5. print p2.dist(p1)
6.
7. #输出结果
8. 2.64575131106
9. 2.64575131106
```

［代码说明］

* 第 1 ~ 2 行代码：创建了 p1 和 p2 两个对象（对象也叫类的实例）。代码会自动
  调用 Point 类中的 __init__ 方法，并把参数传递进去。

* 第 4 ~ 5 行代码：分别计算 p1 到 p2 的距离以及 p2 到 p1 的距离。这两个距离
  理论上应该一样。最后的第 8 ~ 9 行代码的输出也证明了这一点。

到目前为止，我们应该对编程有一定的认识了。编程不过就是定义一些变量，然后
再定好操作步骤，让计算机规规矩矩、按部就班执行的活动。

之前的例子中，我们用变量来代表操作对象，用函数来抽象操作步骤。有了这两个
东西，计算机就知道要针对什么数据（变量）做什么样的操作了。所以，变量和函数是
所有代码中最基本的组成单元了。

面向对象的编程还是定义了这两个基本单元。只不过面向对象用类把它们封装在一
起，把变量叫作属性，把函数叫作方法。所以，属性就是对数据的封装和抽象，而方法
就是对行为的封装和抽象。

3.3 类和继承

面向对象编程的一个巨大优势在于继承。类和类之间可以有父子关系，子类可以自
动继承父类的方法和属性。

Python 中 object 是"万物之祖",所有的类追根溯源都是从它继承而来的,所以我们如果没有明确地写出父类,那么我们的类就是从 object 继承下来的。

看这个例子:从几何的角度来说,一个点也可以看作一个向量或者线段,即连接到原点的线段。进而两个点就可以看作两个向量或线段,二者之间就会有夹角,我们就可以计算两个向量的夹角余弦。

夹角余弦的公式是这样的:$\cos(v_1, v_2) = \dfrac{v_1 \cdot v_2}{|v_1| \times |v_2|}$。

公式的分子部分是两个向量的点积,分母是两个向量的模的乘积,向量的模可以理解为点到原点的欧式距离。

由于两个点的距离我们已经在 Point 类中实现了,并且点和向量又有着"暧昧"的关系,所以我们可以从 Point 类派生出 Vector 类,这样就可以实现属性和方法的重用。于是就有了下面的实现代码:

Vector 类

```
1. class Vector(Point):
2.     def dot(self,v2):
3.         result = 0
4.         for i,j in zip(self.c,v2.c):
5.             result += i*j
6.         return result
7.
8.     def cosin(self,v2):
9.         o = Point(*[0 for i in range(len(self.c))])
10.        d1 = self.dist(o)
11.        d2 = v2.dist(o)
12.
13.        result = 1.0 * self.dot(v2) / (d1 * d2)
14.        return result
```

[代码说明]

- 第 1 行代码:定义 Vector 类,并且它是从 Point 类继承的,所以 Vector 类是 Point 类的子类,或者说 Point 类是 Vector 类的父类。Vector 类会自动地拥有 Point 类中的属性和方法,比如现在 Vector 类中也有 dist 函数用于计算两点距离。

- 第 2 ~ 6 行代码：定义了 dot，即向量的点积运算。
- 第 8 ~ 14 行代码：实现了夹角余弦运算。在这个方法中，第 10 ~ 11 行的代码计算两个点到原点的距离，其实就是计算两个向量的模长。
- 第 13 行代码：实现夹角余弦公式。

这个类定义好之后，我们可以这样使用：

计算两个向量的夹角余弦

```
1. v1 = Vector(0,1,0)
2. v2 = Vector(1,0,0)
3. print(v2.cosin(v2))
4. #输出是 1
```

在实现 Vector 类时，我们只需要实现两个向量的点积（dot）方法即可。然后在计算夹角余弦（cosin）时，额外引入了原点 o，利用从 Point 继承下来的计算两点距离的方法计算出两个向量的模 d1、d2，从而轻松地实现夹角余弦的计算。

3.4   小结

本章我们介绍了函数和类，它们属于不同的编程哲学。其实不论哪种编程方法，都是在计算机的二次元世界中模拟人类社会的活动。人类活动包括对象和动作。比如说大白炒西红柿鸡蛋，对象就包括大白、鸡蛋和西红柿，动作就是炒。我们之前使用变量模拟活动的对象，用函数封装动作。面向对象走得更进一步，它把活动对象和动作直接封装到类的设计中，会更加直观、自然。

第4章

走进机器学习

经过前 3 章的学习，我们已经具备了基本的 Python 编程能力，虽然用得还是磕磕绊绊。可能还有一些 Python 语法知识没有讲到，但对于想转战数据科学领域的读者来说，此等功力已经足够了。剩下的就是不断熟练、强化"肌肉"记忆了。毕竟编程和英语一样，从来不是教会的、不是看会的，而是练会的。

所以，从这一章开始，我们将不再关注 Python 语法，而要进入机器学习的殿堂。如果其中涉及新的 Python 语法知识，我们再及时查遗补漏就好了。

我们有必要先理解什么是机器学习，它能做什么以及不能做什么。另外，目前人工智能、深度学习大热，它们之间有什么关系呢？

在学术上，机器学习被作为是人工智能的一个分支，而深度学习是机器学习的一种算法。三者关系如图 4-1 所示。

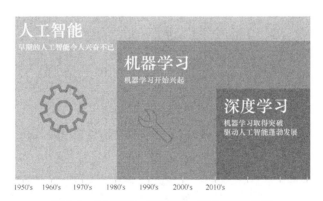

图4-1　人工智能、机器学习、深度学习的关系

人工智能是很早出现的概念，是 1956 年几个计算机科学家在达特茅斯会议（Dartmouth

Conferences）上提出的概念。最初先驱者梦想的是构造出复杂的、拥有与人类同样智慧的机器。这个机器拥有人类的能力、理性甚至情感和思考能力。这种人工智能叫作"强人工智能"。但它们现在还只存在于科幻电影和小说中，人类目前还没法实现。

我们目前所能实现的其实是"弱人工智能"，弱人工智能可以比人类更好地执行某种特定任务，比如精细化营销、商品推荐、图像分类、人脸识别等。这些都是弱人工智能的真实应用实践，但这些是如何实现的？这种"弱弱"的智能从何获得？它用到的技术就是机器学习。

机器学习来源于早期的人工智能领域。传统算法包括决策树学习、聚类和贝叶斯网络等。人工神经网络（Artificial Neural Networks，早在 1943 年提出的）之前一直是机器学习中的一个边缘化的算法，对于"智能"的贡献微乎其微。主要问题在于即使是最基本的神经网络也需要大量的运算。所以历史上神经网络的发展经历了三起三落，期间只有极少数学者坚持研究，比如多伦多大学的 Hinton。一直到大数据时代且 GPU 被广泛采用，神经网络才又一次"满血复活"。

现在火的一塌糊涂的深度学习就是神经网络。深度学习（DL）与机器学习（ML）二者的关系很微妙。在深度学习还没有火起来的时候，神经网络是以机器学习中的神经网络算法存在的，只是机器学习的众多山头之一而已。但火起来之后，神经网络摇身一变成了如今的深度学习，有点"千年老二要翻身"的意思。

目前业界对深度学习一般有两种看法，一种是将其视作特征工具，仅用于提取特征；而另一种则希望将其发展成一个新的分支学科，这也是目前 Hinton 等人努力的方向。

4.1　不要关心概念

对于初学者来说，其实你不必关心机器学习、神经网络、深度学习的门派之争，神仙打架我们搬个马扎围观好了。更不要纠结到底该学机器学习还是深度学习，毕竟目前还没有哪家独大，两家都要学，要融会贯通。

4.2 数据建模

从根本上说，机器学习就是通过建立一个数学模型来辅助用户理解数据。这个数学模型可能是一个数学公式，也可能是一种概率分布。

4.2.1 用数学公式建模

比如，我们可以假设房价和房屋面积之间的关系可以用一个数学公式表达：

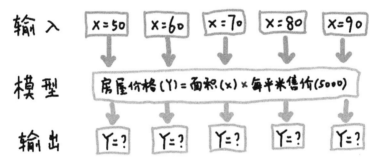

但实际上，我们知道的只有房屋的价格和面积，我们需要找出这个模型：

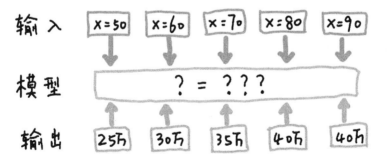

我们可以假设房价和面积就是个简单的 $y=ax+b$ 关系，其中 x 是房屋面积，y 就是价格，a 和 b 是两个未知参数。当拿到 N 个房屋数据时，我们就可以通过不断地调整参数 a 和 b 来让我们的公式尽量地适应数据。

一旦我们得到了一个能够适合先前看到的数据的模型，我们就可以用它来预测未来的新数据了。

当然这只是一个简单的例子。真正要预测房价，会涉及大量的因素，比如政策、房间数量、房间朝向、地理位置，周边环境等。除了参数多，我们还可以假设更复杂的数学公式，比如非线性的、多项式的、对数的、三角函数等。总之，真正的机器学习面对的是参数巨多的公式求解。

4.2.2　用概率建模

除了使用数学公式，我们还可以利用概率进行建模。这时我们寻找的不再是一个数学公式，而是数据中蕴含的概率分布。

再举一个生活中的例子，你去菜市场买芒果，直觉上光鲜亮丽、个头匀称、"颜值高"的芒果要比暗淡的好吃，于是你挑选了 100 个芒果，开开心心回家了。

回家吃了之后，你发现其中 25 个芒果不好吃，觉得根据颜值的判断太片面了。但是你又发现了大个的 50 个芒果都好吃，小个的芒果只有 25 个好吃，你总结出大个的芒果比小个的芒果要好吃。

第二次你要买更大个以及颜色更亮丽的芒果，结果常去的那家店铺关门了，只能去别家买。但是两家的源产地不一样，这次买回来的 100 个芒果中，反而是小个的、颜色暗淡的芒果好吃。

为了汲取教训，买到更好吃的芒果，你采用了机器学习的方法，随机在市场买了1000 个芒果并做出统计。

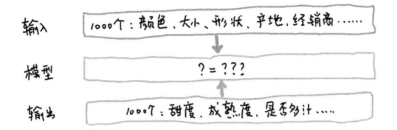

通过 1000 个芒果的数据，你得到了一个概率模型：大个、金黄色的澳洲芒香甜不腻；美国的凯特芒红绿色、外甜内酸，风味独特。下次购买的时候，你只需要输入产地、颜色、个头等相关数据，就可以得到芒果是否好吃的概率，你也成了众人"敬仰"的芒果专家（吃货一枚）。

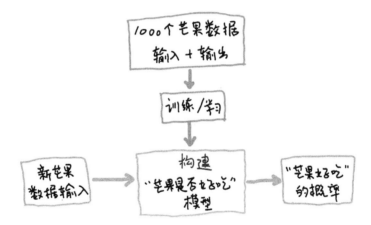

通过这两个例子，我们基本上对什么是机器学习有了一定的了解。从广义上来说，机器学习是一种利用数据训练出模型，然后使用模型预测新数据的方法。

机器从大量历史数据中学习和寻找规律，得到某种模型并利用此模型预测未来。机器在学习的过程中，处理的数据越多，预测就会越精准。这个过程其实和人的学习过程类似。

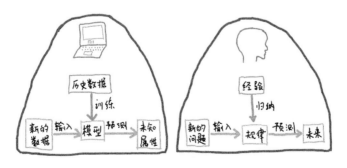

理解机器学习的问题设定要比使用工具更重要，所以，接下来我们讨论一下机器学习能干什么。

4.3　机器学习的功能

机器学习就是对数据进行建模，用数学的方式定量地刻画数据间的关系。那这种能力有什么用呢？

我们可以按照能力对机器学习进行分类。

机器学习的分类方法有很多种，从能解决的问题的角度可以把机器学习分成 4 类：有监督学习、无监督学习、半监督学习和强化学习。

有监督学习（supervised learning）是在数据和标签之间建立模型的方法。一旦模型建立起来，我们就可以对新的未知数据预测其标签。根据预测的标签值是连续型还是离散型的，有监督学习又可以细分成回归（regression）和分类（classification）两个子类。

无监督学习（unsupervised learning）用于没有标签的数据，也可以理解为"让数据自己说话"。聚类（clustering）和数据降维（dimension reduction）是典型的无监督学习算法。聚类通常用来完成数据的自动分组，而数据降维是为了得到更加紧凑的数据表示方式。

我们通过一些具体的例子来对这些功能建立直觉式的理解。

4.3.1　什么是分类问题

我们先看一个最简单的分类问题。假设我们有若干个数据点，每个点有两个坐标 (x_1, x_2)，另外每个点还有颜色（红色或者蓝色）。如果画出来就是图 4-2 这个样子的。

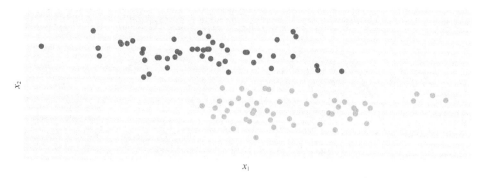

图4-2　什么是分类问题

我们的目标是利用这些数据学习到一个模型。当有一个新的点出现时，该模型可以判断它是哪种颜色的。

这就是所谓的分类问题。如果只有两个类别，就是二分类问题；如果是多个类别就是多分类问题。

有很多模型可以解决二分类问题，每个模型从不同的角度思考问题。我们这里可以先使用一个最简单的想法。我们不妨假设在这个平面上有一条直线，这个直线把整个平面一分为二，红色的点会落在直线的一侧，而蓝色的点落在直线的另一侧，如图4-3所示。

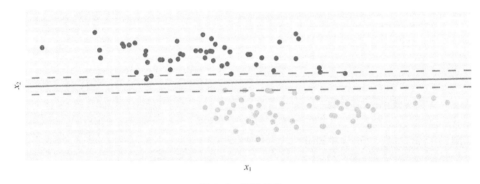

图4-3　线性分类

这条直线也叫作"线性分类器"。假设这条直线的方程是$y=ax+b$，其中的a和b就是模型的参数。

而所谓"学习"就是利用已经知道的历史数据找到最好的a、b。这就是所谓的"学习过程"，也叫"模型训练"。

机器学习中有非常多的算法可以帮助我们完成这个学习过程，最终找到了最好的a、b。假设最后找到的是图4-3中的那条实线。

一旦学习到了模型，我们就可以把它用到新的数据上［见图4-4（左）］，也就是根据新的点的坐标判断这个点的颜色，这就是所谓的"预测"（prediction），如图4-4（右）所示。

分类问题在实际生活中有非常多的应用：比如邮件分类，一封邮件可能是垃圾邮件或者正常邮件，这其实就是个二分类的问题；比如对于互联网广告预估问题，对于每个广告，用户的反应可能是打开看看或者忽略无视，这也是预测用户是否会打开的二分类问题。

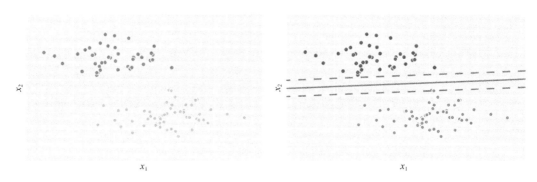

图4-4　什么是预测

4.3.2　什么是回归问题

用过 Photoshop 的同学都知道，有一种色彩变化方式叫作渐变。我们之前的例子中，每个点的颜色是二选一的，要么是红色、要么是蓝色。现在我们这个例子变一下，假设每个点的颜色不再是泾渭分明的，而是渐变的，如图 4-5 所示。

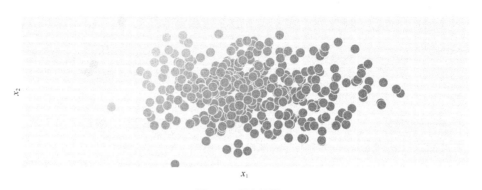

图4-5　回归问题

现在我们要做的还是给每个点打一个颜色的标签。和上一个问题不同，这次的颜色标签不再是离散的，而是有无穷多个可能，这样的问题就是回归问题。

同样，我们有很多方法可以解决回归问题，不同方法的思考角度不同。我们还是用一个简单的线性模型来建模。在这个问题中，我们可以想象每个样本是三维空间中的点，3 个维度分别是 x_1、x_2、$color$，如图 4-6 所示。

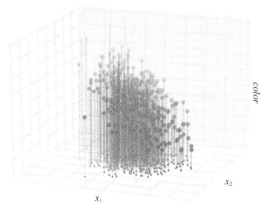

图4-6　三维示意图

假设颜色和坐标之间有个线性公式 $color=a_1x_1+a_2x_2+b$，这个数学公式如果用图形方式表示其实是三维空间中的一个平面。一旦完成了学习，我们得到了最好的参数值，其实就相当于找到了图 4-7 所示的这样一个平面。

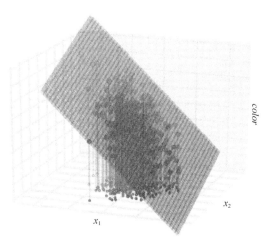

图4-7　学习到的平面

或者相当于得到了图 4-8 所示的这样一个颜色渐变的画布。

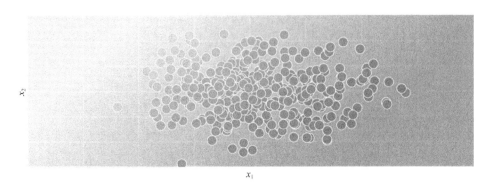

图4-8　颜色渐变的平面

对于未来出现的一些点〔见图 4-9（左）〕我们就可以根据它在画布上的位置选择相应的颜色了，如图 4-9（右）所示。

总之，回归问题就是解决有无数可能的标签问题。典型的回归场景包括：房价预测问题，根据房屋面积、房间数量、区域犯罪率等因素预测房屋的价格；企业的销量预测；在每个地区投放的共享单车的数量预测等。

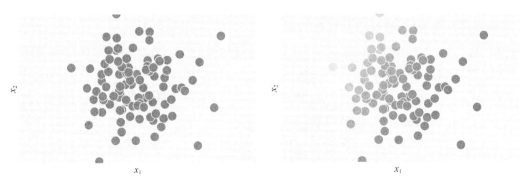

图4-9　回归的预测

重要的回归方法包括线性回归、广义线性回归、支持向量机回归、决策树回归等。

4.3.3　什么是聚类问题

分类问题和回归问题都属于有监督的机器学习方法，它们的共性都是给样本打标签，区别在于标签是连续的还是离散的。重要的是这些标签本来就存在于训练数据中。

而无监督学习面对的数据是没有标签的。

聚类是典型的无监督学习方法，其目的也可以看作给数据打标签，只不过打标签的方法是先对数据分组，然后给每一组打标签。这个标签可能就是一个组编号，或者是根据业务场景提取的一些有意义的标签。比如，图4-10所示的一组数据点，凭肉眼观察我们就知道这些点可以分组。而聚类算法就是遵从我们的直觉完成对数据的分组。

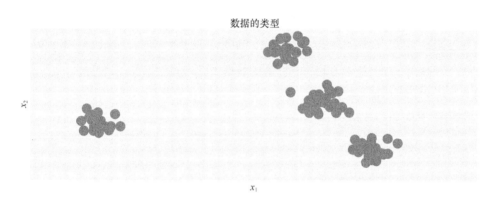

图4-10　聚类问题

典型的聚类算法k-means会寻找k个点作为每个分组的中心点，然后计算每个样本和k个中心点的距离，并根据距离决定样本的分组。分组的结果如图4-11所示。

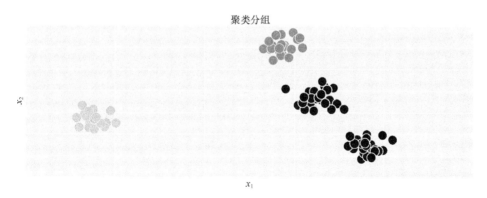

图4-11　聚类效果

总之，聚类方法的目的就是自动完成数据的分组。它和有监督方法不同的是，数据中本来是没有分组信息的，对聚类的分组结果的评价没有可参考的标准。聚类的典型应用场景就是用户分群精准营销。

典型的聚类方法包括 k-means、GMM、谱聚类等。

4.4　小结

在本章，我们通过一些简单的例子展示了机器学习能够解决的问题。机器学习就是对数学建模的过程，从已知数据建模的过程叫作"学习"。把学到的模型用在未来数据上叫作"预测"。有监督学习是从有标签的数据中学习模型，并预测标签。无监督学习是学习无标签数据中的隐藏结构。

第**5**章
如何获取数据

既然机器学习是从数据中找规律，那么数据自然是少不了的。从哪里去找数据，以及找什么样的数据就是读者遇到的第一个门槛。

对于刚接触机器学习的读者来说，借助一些高质量的数据集快速进入学习状态，学习方能事半功倍。最好的方法莫过于使用一些著名的数据集。

好消息是在 Python 的各个数据工具包中都会集成一些著名的数据集，初学者可以在这些数据集上练习各种算法，等熟练之后再去应付真正的业务数据。

我们通过几个例子来看看该怎么做。

5.1 代码实战1：获得鸢尾花数据集

Iris 数据集介绍

Iris 数据集也称鸢尾花数据集，由费舍收集整理。该数据集收集了3类鸢尾花，每类各50个数据。数据集包含5个属性：

Sepal.Length（花萼长度），单位是cm;

Sepal.Width（花萼宽度），单位是cm;

Petal.Length（花瓣长度），单位是cm;

Petal.Width（花瓣宽度），单位是cm;

种类分为 Iris Setosa（山鸢尾）、Iris Versicolour（杂色鸢尾）以及 Iris Virginica（弗吉尼亚鸢尾）。

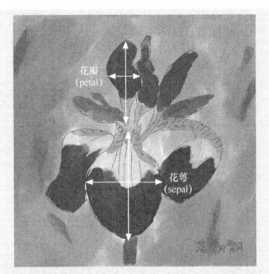

鸢尾花数据集常用于分类试验，通过前面的 4 个属性预测鸢尾花属于（Setosa, Versicolour, Virginica）3 个种类中的哪一类。

打开 PyCharm 或 IPython Notebook，输入下面的代码：

加载鸢尾花数据集

```
1. from sklearn import datasets
2. import pandas as pd
3. data = datasets.load_iris()
```

［代码说明］

- 第 1 行代码从 scikit-learn 中导入 datasets 模块，scikit-learn 中所有获得数据的方法都在这个模块中。
- 第 2 行代码导入 pandas 模块，并定义了别名 pd。
- 第 3 行代码完成对鸢尾花数据集的加载。

接下来，把这份数据集加上列名并封装成 pandas 的格式，以便于后续的观察和分析。

将数据封装成 DataFrame

```
1. df = pd.DataFrame(data.data,
```

```
2.                      columns=data.feature_names)
3. df['class'] = data.target
4. df.head(3)
```

第 1 ~ 2 行代码把数据集的特征部分放到 DataFrame 中，第 3 行代码把数据集的标签部分也放入 DataFrame 中。最终看到表 5-1 所示的结果。

表5-1　鸢尾花数据集

	sepal length (cm)	sepal width (cm)	petal length (cm)	petal width (cm)	class
0	5.1	3.5	1.4	0.2	0
1	4.9	3.0	1.4	0.2	0
2	4.7	3.2	1.3	0.2	0

5.2　专家解读

scikit-learn 中自带的数据集都放在 datasets 模块下，并提供了以 load_ 为前缀的加载方法。读者可以在 IPython 中输入 dataset.load*?，你会看到图 5-1 所示的内置的数据集加载方法列表。

```
datasets.load_boston
datasets.load_breast_cancer
datasets.load_diabetes
datasets.load_digits
datasets.load_files
datasets.load_iris
datasets.load_lfw_pairs
datasets.load_lfw_people
datasets.load_linnerud
datasets.load_mlcomp
datasets.load_sample_image
datasets.load_sample_images
datasets.load_svmlight_file
datasets.load_svmlight_files
```

图5-1　scikit-learn中内置的数据集

用 load_ 方法得到的结果是一个特殊格式的数据对象，可以用 type 方法查看其数据类型。

```
type(data)

# 输出结果
sklearn.datasets.base.Bunch
```

Bunch 是 scikit-learn 使用的一种特殊数据格式，读者可以把它类比为 Python 的字典对象。可以用和字典一样的方法观察其中有哪些组成元素：

```
for key,_ in data.items():
    print(key)

# 下面是输出结果
target
target_names
data
feature_names
DESCR
```

Bunch 对象中最重要的当属是 data 和 target 两个元素，scikit-learn 已经贴心地把数据的特征和标签分开。data 对应的就是数据特征；target 对应的是预测标签；feature_name 和 target_name 是对应的字段名称；DESCR 字段是对数据集的描述信息。

另外，data 和 target 都是 numpy.ndarray 类型的，所以可以直接把它们组织成 pandas 的 DataFrame 对象，便于后续的观察和分析。

5.3　代码实战2：获得新闻数据集

20newsgroups数据集

　　20newsgroups 数据集是用于文本分类、文本挖掘和信息检索研究的国际标准数据集之一。数据集收集了大约 20 000 条新闻，均匀分为 20 个不同主题的新闻组集合。一些新闻组的主题特别相似(比如 comp.sys.ibm.pc.hardware、comp.sys.mac.hardware)，还有一些却完全不相关(比如 misc.forsale 、soc.religion.christian)。

在你的 IPython 中输入下面代码：

```
data2 = datasets.fetch_20newsgroups()
```

这样就得到了新闻语料数据集，这份数据集可以帮助读者学习自然语言处理。

5.4　专家解读

在 datasets 模块中，还有一系列的 fetch* 方法，利用这些方法我们可以加载一些更复杂或者更大的数据集，这些数据集会更接近真实环境的数据，适合做一些进阶的练习。

这些 fetch* 方法对应的数据集并没有集成在 scikit-learn 的安装包中，是通过网络下载的。下载完成后返回的结果依旧是 Bunch 格式的。

这些 fetch* 方法的第一个参数 data_home 用于设置下载数据集的存放路径。如果不提供这个参数，下载的数据集会放在一个默认的目录中，通常是用户目录下的 scikit_learn_data 目录，通过下面命令检查当前下载目录的默认位置：

```
datasets.get_data_home()
```

如果内置的数据集不能满足我们的需求，这时可以考虑自己制造一些数据。比如在学习分类问题时，不均衡样本是一个非常实际的应用场景，但这样的数据集很难找到现成的，这时就可以考虑根据需要自己生成了。

5.5　代码实战 3：生成不均衡数据集

这次我们要制作一个二分类问题的数据集，两个类别的比例是 1：9，这是一个典型的不均衡样本：

制作不均衡数据集

```
1. from sklearn import datasets as d
2. import numpy as np
```

```
3. import pandas as pd
4. data = d.make_classification(n_samples=10000,
5.                              n_features=5,
6.                              weights=[0.1])
```

然后把得到的数据包装成 pandas 的 DataFrame 对象，便于后续观察和分析：

```
7. df = pd.DataFrame(data[0])
8. df['target'] = data[1]
9. df.head(3)
```

得到的数据集如表 5-2 所示。

表5-2　不均衡数据集

	0	1	2	3	4	target
0	–1.212 307	0.405 011	2.263 773	–1.479 106	–2.176 199	1
1	–1.982 840	0.185 218	–0.112 344	–2.121 946	–3.008 859	1
2	1.133 943	1.548 658	0.089 961	0.182 817	–0.188 028	1

统计两个类别样本的比例：

```
1. df.groupby('target').size()
2. #得到的结果
3. Target
4. 0    1033
5. 1    8967
6. dtype: int64
```

两类样本的比例接近 1 : 9，满足我们之前的需求。

5.6　专家解读

scikit-learn 的 datasets 模块还提供了一系列 make 样式的方法。这些方法是用来按需制造数据的。图 5-2 所示的是部分 make 方法。

```
d.make_biclusters
d.make_blobs
d.make_checkerboard
d.make_circles
d.make_classification
d.make_friedman1
d.make_friedman2
d.make_friedman3
d.make_gaussian_quantiles
d.make_hastie_10_2
d.make_low_rank_matrix
d.make_moons
d.make_multilabel_classification
d.make_regression
d.make_s_curve
```

图5-2　make方法列表

这个例子用到了 make_classification，该方法定义如下：

```
make_classification(n_samples=100, n_features=20,
           n_informative=2, n_redundant=2,
           n_repeated=0, n_classes=2,
           n_clusters_per_class=2, weights=None,
           flip_y=0.01, class_sep=1.0,
           hypercube=True, shift=0.0,
           scale=1.0, shuffle=True, random_state=None)
```

参数 n_samples 用来控制生成的样本数量；n_features 定义生成样本的特征数；n_classes 定义类别的数量，是多分类问题还是二分类问题；weights 可以控制各分类的比例。

利用内置的这些方法，我们可以很轻松地创建出各种复杂的分类问题数据集。其他常用的方法包括 make_regression（生成回归数据）、make_blobs（生成聚类测试数据）、make_s_curve（生成 S 形曲面数据），make_s_curve（多用于流形学习）。

5.7　小结

scikit-learn 内置的数据集分成两类，一类是集成在安装包中无须额外下载，这类数据集以 load_ 为标志；另一类是没有集成在安装包中，需要通过网络下载的，这类数据集以 fetch_ 为标志。除了内置数据集，我们还可以用 scikit-learn 提供的方法按需灵活构建数据集，方便后续的学习。

第**6**章

读取外部数据

工作中我们更多的时候是从外部数据源读取数据，其中以 CSV 文本文件居多，其次是 MySQL 之类的关系数据库。

6.1 代码实战1：从文件读取数据

现在有这样的一份 CSV 数据文件，我们该如何读它：

```
instant,dteday,season,yr,mnth,holiday,weekday,workingday,weathersit,temp,atemp
1,2011-01-01,1,0,1,0,6,0,2,0.344167,0.363625,0.805833,0.160446,331,654,985
2,2011-01-02,1,0,1,0,0,0,2,0.363478,0.353739,0.696087,0.248539,131,670,801
3,2011-01-03,1,0,1,0,1,1,1,0.196364,0.189405,0.437273,0.248309,120,1229,1349
4,2011-01-04,1,0,1,0,2,1,1,0.2,0.212122,0.590435,0.160296,108,1454,1562
5,2011-01-05,1,0,1,0,3,1,1,0.226957,0.22927,0.436957,0.1869,82,1518,1600
6,2011-01-06,1,0,1,0,4,1,1,0.204348,0.233209,0.518261,0.0895652,88,1518,1606
7,2011-01-07,1,0,1,0,5,1,2,0.196522,0.208839,0.498696,0.168726,148,1362,1510
8,2011-01-08,1,0,1,0,6,0,2,0.165,0.162254,0.535833,0.266804,68,891,959
9,2011-01-09,1,0,1,0,0,0,1,0.138333,0.116175,0.434167,0.36195,54,768,822
10,2011-01-10,1,0,1,0,1,1,1,0.150833,0.150888,0.482917,0.223267,41,1280,1321
11,2011-01-11,1,0,1,0,2,1,2,0.169091,0.191464,0.686364,0.122132,43,1220,1263
12,2011-01-12,1,0,1,0,3,1,1,0.172727,0.160473,0.599545,0.304627,25,1137,1162
13,2011-01-13,1,0,1,0,4,1,1,0.165,0.150883,0.470417,0.301,38,1368,1406
14,2011-01-14,1,0,1,0,5,1,1,0.16087,0.188413,0.537826,0.126548,54,1367,1421
```

CSV 是最流行的数据文件格式，它是纯文本文件，可以用写字板、Excel 之类的程序打开。

本例中用到的数据文件的第一行是列头，代表数据框中的列名。第一列是 id 列，第二列是日期列，后面各列都可以看作数值类型的列，该如何读入这份数据呢？

读取 CSV 文件

```
1. import pandas as pd
2. df = pd.read_csv('data.csv',index_col=None,parse_dates=1)
3. df.head(3)
```

我们会看到表 6-1 所示的数据表格。

表6-1   数据表格

	instant	dteday	season	yr	mnth	holiday	weekday	workingday	weathersit	temp	atemp
0	1	2017–01–01	NaN	NaN	1	0	6	0	2	0.344 167	0.363 625
1	2	2017–01–02	1.0	0.0	1	0	0	0	2	0.363 478	0.353 739
2	3	2017–01–03	1.0	0.0	1	0	1	1	1	0.196 364	0.189 405

6.2   专家解读

CSV 是一种通用的数据文件格式，它是列和列之间用逗号分隔的纯文本文件。Python 内置了 CSV 读写模块，但是对于数据工作者来说，切记不要使用 Python 内置的模块，而应该使用 pandas 中的 read_csv、to_csv 方法读写 CSV 文件。这是一个行业习惯，就像我们可以用筷子吃西餐，虽然也能吃到嘴里，但看着会很别扭。数据 "江湖" 也是如此。

用 pandas 的方法读取 CSV 文件时，默认会把文件中的第一行内容当作列的名称。如果你的文件的第一行是数据，那可以用 header=None 禁止这个默认行为，同时结合参数 names 手动地指定列名。

pandas 在读取数据时会自动生成从 0 开始的列索引。你可以用 index_col=['a'] 指定某一列作为索引，也可以指定多个列作多级索引。

pandas 在读取数据时，如果遇到 NA 字样或者没有值的字段，会按照缺失值处理。我们可以定义个性化的缺失值，比如 na_values=['NA', 'NULL','NOTHING']，这就同时把 'NA'、'NULL'、'NOTHING' 这 3 个值当作缺失值处理。

我们还可以针对某一列定义其特有的缺失值，这时 na_values 参数就是一个字典的形式，其中 key 是列名，value 是这一列中特有的缺失值列表。

比如，下面的代码就把 orderdate 列中出现的 2011-10-10 和 2012-10-10 两个日期按照缺失值处理：

```
na_values={'orderdate':['2011-10-10','2012-10-10']}
```

6.2.1　对时间的处理

pandas 在读取 CSV 文件时，会自动地推测每一列的数据类型，对于数值型、文本型的列通常没有问题，但对于日期时间类型的列，由于日期格式的多样性，有时可能无法正确推断进而将其推测为文本类型。

我们可以通过参数 parse_dates 明确指定哪些列是日期时间类型。pandas 默认的日期时间格式取决于系统环境，比如中文环境是 'YYYY-MM-DD HH:MM:SS'。如果要读取的数据不符合默认的格式，就要人工定义日期时间格式。

对于非本地格式的日期时间列，可以通过 date_parser 参数指定日期时间格式：

日期时间的处理

```
1. dateparser = lambda dates: pd.datetime.strptime(dates, '%Y-%m')
2. data = pd.read_csv('AirPassengers.csv',
3.               parse_dates='Month',
4.               index_col='Month',
5.               date_parser=dateparser)
```

这份数据集中的 Month 列是 "2012-10" 这样只记录到月份的日期格式，所以需要先定义一个日期解析器 dateparser，然后读取数据时结合 parse_dates、date_parser 两个参数保证能正确解析成日期类型。

6.2.2　大文件迭代

通常 CSV 数据文件都不会很大，都能一次加载到内存中。但如果真的遇到大文件，pandas 也支持分块读取。这时要这么操作：

```
Chunk=read_csv(chunksize=1000)
```

参数 chunksize 用来控制每次读取的数据块大小。

使用这种用法时，read_csv 返回的结果不再是数据集本身，而是返回一个 TextFileReader 对象，它是一个可迭代的对象。我们通过对它进行迭代以获取数据，每次迭代相当于从数据文件中读取 1000 行记录。

下面是一个读取大文件的实例：统计一个文件中出现最多的 10 个产品和其出现的次数。

大文件迭代读取

```
1. # 用Series对象保存结果
2. result = pd.Series()
3. chunks = read_csv('bigfile.csv',chunksize=1000)
4. for chunk in chunks:
5.   result = result.add(chunk['key'].value_count(),
6.                     fill_value=0)
7. #这里用到了Series的add运算，就是两个Series相加
8. #最后选择top10产品和产品出现次数
9. result.sort_values(ascending=False)
10.#打印前10个
11.result[:10]
```

6.2.3　CSV文件的写操作

要把数据框写到 CSV 文件时，可以用 to_csv 方法。这个方法中的常用参数如下。

- index=True|False，控制是否写入列索引以及是否写入列标签。
- header：控制是否写入列头。
- columns：通过提供一个列名列表，可以有选择地控制写入需要的列，而不是所有的列。
- sep：用于指定列之间的分隔符，默认的是逗号。

6.3 libsvm格式文件的读写

工业上有一种通用的数据格式叫 libsvm 格式，如图 6-1 所示。

```
1 2:1 9:1 10:1 20:1 29:1 33:1 35:1 39:1 40:1 52:1 57:1 64:1 68:1 76:1 85:1 87:1
0 2:1 9:1 19:1 20:1 22:1 33:1 35:1 38:1 40:1 52:1 55:1 64:1 68:1 76:1 85:1 87:1
0 0:1 9:1 18:1 20:1 23:1 33:1 35:1 38:1 41:1 52:1 55:1 64:1 68:1 76:1 85:1 87:1
1 2:1 8:1 18:1 20:1 29:1 33:1 35:1 39:1 41:1 52:1 57:1 64:1 68:1 76:1 85:1 87:1
0 2:1 9:1 13:1 21:1 28:1 33:1 36:1 38:1 40:1 53:1 57:1 64:1 68:1 76:1 85:1 87:1
0 2:1 8:1 19:1 20:1 22:1 33:1 35:1 38:1 41:1 52:1 55:1 64:1 68:1 76:1 85:1 87:1
0 0:1 9:1 18:1 20:1 22:1 33:1 35:1 38:1 44:1 52:1 55:1 64:1 68:1 76:1 85:1 87:1
1 2:1 8:1 18:1 20:1 29:1 33:1 35:1 39:1 47:1 52:1 57:1 64:1 68:1 76:1 85:1 87:1
0 0:1 9:1 19:1 20:1 22:1 33:1 35:1 38:1 44:1 52:1 55:1 64:1 68:1 76:1 85:1 87:1
0 2:1 8:1 19:1 20:1 23:1 33:1 35:1 38:1 44:1 52:1 55:1 64:1 68:1 76:1 85:1 87:1
0 2:1 8:1 19:1 20:1 21:1 33:1 35:1 38:1 41:1 52:1 55:1 64:1 68:1 76:1 85:1 87:1
0 0:1                                                       76:1 85:1 87:1
0 2:1        label index1:value1 index2:value2 ...          76:1 85:1 87:1
0 5:1                                                       76:1 85:1 87:1
0 3:1 6:1 18:1 21:1 28:1 33:1 36:1 38:1 40:1 53:1 57:1 64:1 68:1 76:1 85:1 87:1
1 2:1 9:1 10:1 20:1 29:1 33:1 35:1 39:1 41:1 52:1 57:1 64:1 68:1 76:1 85:1 87:1
1 2:1 8:1 18:1 20:1 29:1 33:1 35:1 39:1 41:1 52:1 57:1 64:1 68:1 76:1 85:1 87:1
1 2:1 9:1 10:1 20:1 29:1 33:1 35:1 39:1 40:1 52:1 57:1 64:1 68:1 76:1 85:1 87:1
```

图6-1 libsvm数据格式

这种数据中的每一行都是下面这种格式：

```
label index1:value1 index2:value2 ...
```

- label：数据的第一列是样本的标签，可以是整数也可以是实数。
- index：特征的编号，有些人习惯从 0 开始编号，有些人习惯从 1 开始编号，需要注意区分。
- value：特征的值，可以是整数，也可以是浮点数。

scikit-learn 支持 libsvm 格式数据文件的读写，我们可以这样操作：

读取 libsvm 格式文件

```
1. from sklearn import datasets as ds
2. x_train,y_train=ds.load_svmlight_file("svm_train.txt")
```

6.4　专家解读

libsvm 格式其实是稀疏向量的记录格式。稀疏向量是工业中常见的一种数据形态。以自然语言处理为例，如果使用 TF-IDF 对文档编码，假设字典里有 10 万个单词，那么每个单词向量都是一个 10 万维的向量，其中只有 1 个位置值非零，而其他位置都是 0。这种大部分元素都是 0，只有少数元素非零的向量就是稀疏向量，与之相对的就是稠密向量。向量的稀疏或者稠密的界限其实并没有严格定义，用 10% 或者 20% 的比例都可以。

对于稀疏向量来说，它的存储和计算都需要做额外的优化。在存储时，没有必要记录那么多个 0，简单的做法是记录非零元素的位置和值，这就是所谓的坐标表示法，也是 libsvm 采用的方法。当然还有很多其他的记录方法，感兴趣的同学可以自行查找。

另外，稀疏向量的运算也可以优化，比如两个单词向量相加，没有必要把 10 万个位置都加一遍，只需要把两个非零位置相加就可以。

所以，稀疏向量的存储和使用都需要额外的技巧，但这属于一个纯工程的问题，和数据科学本身没太大大关系，读者只需要知道有这回事就好了。

scikit-learn 的读取 libsvm 文件的方法定义如下：

```
load_svmlight_file(f, n_features=None,
        dtype=<type 'numpy.float64'>,
        multilabel=False,
        zero_based='auto', query_id=False)
```

- f 代表文件的路径。
- n_features 代表特征的个数，默认为 None，由 scikit-learn 自动识别特征个数。
- 参数 zero_based 就是用来说明第一个特征是从 0 开始编号还是从 1 开始编号。

这个方法读出的数据是稀疏向量。如果想变成稠密向量的格式，只需调用 todense() 方法即可。比如：

```
x_train.todense()
x_test.todense()
```

另外，scikit-learn 还支持把数据写成 libsvm 的格式，对应的方法是：

```
from sklearn.datasets import dump_svmlight_file
```

其参数和读方法的类似，此处就不赘述了。

6.5 代码实战2：从MySQL读取数据

工业环境中的数据更多的是保存在数据库中，而不是写在文件里，比如关系型数据库。所以 pandas 也支持从各种数据库加载数据，比如对于最流行的 MySQL，pandas 支持以直接提交 SQL 语句的方式读取数据。和从文件读取数据不同的是，读者需要安装针对 MySQL 的 Python 驱动程序。

驱动程序安装好之后，数据的提取过程是这样的：先建立到数据库的连接，建立连接时根据驱动包的要求提供相关的参数即可。

从 MySQL 读取数据

```
1.  import MySQLdb
2.  import pandas as pd
3.  dbs = dict()
4.  dbs['warehouse'] ={'host':'your db server',
5.              'port':3306,
6.              'user':'username',
7.              'passwd':'password',
8.              'db':'dbname',
9.              'charset':'utf8'
10.               }
11.
12.  def getConn(dbname = 'warehouse'):
13.      conn_params = dbs[dbname]
14.      conn = MySQLdb.connect(**conn_params)
15.      conn.autocommit(True)
16.      return conn
```

［代码说明］

- 第 3 ~ 10 行代码把连接数据库需要的参数封装成一个字典对象。
- 第 12 ~ 16 行代码定义了方法 getConn，第 14 行代码创建数据库连接，并返回连接对象。

有了数据库连接后，我们就可以通过直接提交 SQL 语句的方式加载数据了。下面就是一个标准的两个表连接的 SQL 语句：

```
17. conn = getConn(dbname = 'warehouse')
18. sql_text = '''
19. SELECT
20.     a.user_register_id as user_id,
21.     a.register_time,
22.     b.user_occupation,
23.     b.user_education,
24.     b.user_month_income,
25.     b.user_home_province_id,
26.     b.user_home_area_id,
27.     b.user_home_city_id,
28.     b.order_id as order_id
29. FROM fact_user_register AS a
30. INNER JOIN fact_order AS b
31. ON a.user_register_id = b.user_reg_id
32. '''
33. df = pd.read_sql(sql_text,conn,index_col='order_id')
34. df.to_csv('cash_order.csv')
```

在 read_sql 方法中，我们提供 SQL 语句、数据库连接对象，还通过 index.col 参数指定了哪一列将作为数据框的索引。一旦数据读取成功，就会得到一个标准的 pandas 的 DataFrame 对象，剩下的就都是 DataFrame 的操作了。

第 **7** 章

数据可视化探索

人类从来都是"肤浅"的视觉动物，所以在数据领域有句名言：一图抵千言。

数据可视化从用途来看可以分成两类：可视化展现和可视化分析。从前几年流行的信息图到当下的数据大屏，都是可视化展现领域中的热门应用。这种应用所追求的是故事性、视觉效果炫酷、吸引眼球，从而激发行动。

例如淘宝"双十一"数据大屏，当你看到当天的销售总金额的时候，你会觉得阿里巴巴真厉害，马云又要搞事情了，我又买了好多，明年再买就剁手等。这些想法不一定是数字本身带给你的，也可能是阿里巴巴通过可视化的技术加强了你对这个数字的感知，激发了你的想法和行动。

数据大屏

对数据大屏感兴趣的读者可以了解下 DataV 这个产品，阿里巴巴的可视化天团会让你轻松搭建数据大屏。

本章会把重点放在可视化分析探索上，这时追求的不是炫酷，而是希望借助视觉刺激发现数据中的问题和规律并指导后续的建模。就像科幻大片中宇宙飞船的指挥大屏，不是让你站在那喊我们要"征服星辰大海"，而是要让你看到各个系统的数据情况，出现了什么样的问题，应该采取什么样的处理方式。

7.1 作者建议

在 Python 中最常用的画图包非 matplotlib 和 Seaborn 莫属，后者又是建立在前者之上的。如果读者安装的是 Anaconda，那这两个包已经自动装好了。相比较而言，matplotlib 提供的接口更低层，但是内容也更琐碎，花太多精力学习 matplotlib 是很不划算的。Seaborn 提供的 API 会更加高级，而且 Seaborn 的图表默认样式已经达到商业水准，无须做任何的配置就可以做出赏心悦目的图表，所以建议读者把 Seaborn 放在你的"武器库"里。

两个包都提供了丰富的绘图 API，但对于绝大多数场景来说，使用的不过就是图 7-1 中的几种图形。

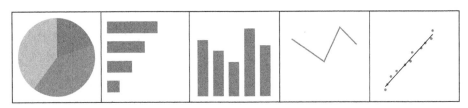

图 7-1   饼图、条形图、柱状图、折线图、散点图

目前，我们可视化的目的是服务后续的分析工作，所以读者不要把精力放在图表的美化上，坐标轴、刻度线这种细枝末节大可不必关心。学习要有主次，还是要把精力放在产出上，真正的美图还是交给 Photoshop 吧。更应该关注的是怎么样从可视化结果中获取灵感。

就像 Word 对于大多数人来说就是个打字工具，Word 中 95% 的功能我们可能从来没有用过。这也是为什么现在很多 Markdown 写作工具流行的原因。数据可视化分析也是一样，绝大多数情况下，简单的线图、条形图、散点图就足够了。

读者只要掌握不到 10 个函数就足以应付日常工作中的 80% 的场景了。

本章将以著名的鸢尾花数据为例，展示数据可视化探索的做法。

7.2   代码实战 1：观察分布

拿到数据后，读者应该尽快建立对数据宏观的、无偏的感性认识，进而刻画出数据的整体轮廓。读者可以从观察每个变量的数据分布入手，进而观察变量是否相互影响，而不是过早陷入细节，盲人摸象般地被局部细节误导。

鸢尾花数据集之前已经介绍过，它包括 4 个数值特征和 1 个类别特征，如图 7-2 所示。

要快速建立数据印象，观察数据分布是个不错的开始方式。对于数值型变量，可以使用直方图或者 KDE 图；对于类别型变量，可以观察其频数图。

Out [3]:

	SepalLength	SepalWidth	PetalLength	PetalWidth	Name
0	5.1	3.5	1.4	0.2	setosa
1	4.9	3.0	1.4	0.2	setosa
2	4.7	3.2	1.3	0.2	setosa
3	4.6	3.1	1.5	0.2	setosa

图 7-2　鸢尾花数据集

比如，我们可以这样观察花萼长度的直方图：

花萼长度直方图

```
1. iris.SepalLength.plot(kind='hist')
```

又或者使用直方图的专用方法：

```
2. iris.SepalLength.hist(xlabelsize=5,ylabelsize=5 )
```

两种方法得到的都是图 7-3 所示的直方图，其中的每一个柱子也叫作一个桶。

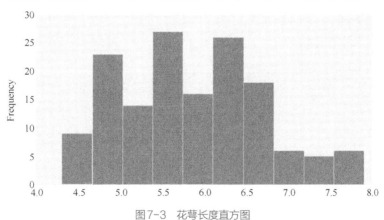

图 7-3　花萼长度直方图

绘制直方图需要设置桶的数量，不同设置对直方图的形态会有影响，进而影响我们的判断。比如图 7-4 所示的分别是 10 个桶和 50 个桶得到的直方图，显然桶越多，会有更多的细节显现，但过多的细节不一定有助于建立印象。

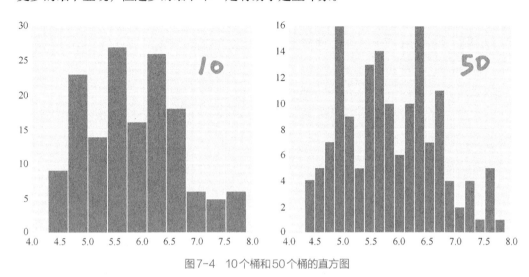

图7-4　10个桶和50个桶的直方图

和直方图比起来，我更推荐 KDE 曲线（本书后面会专门介绍 KDE 回归），可以这样绘制 KDE 曲线：

KDE 曲线

```
iris.SepalLength.plot(kind='density',fontsize=5,figsize=(3,2))
```

读者会看到图 7-5 所示的图形。

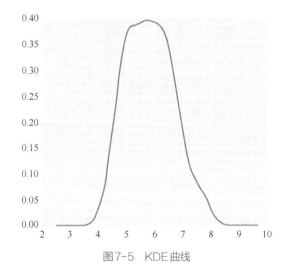

图7-5　KDE 曲线

KDE 曲线没有桶之类的参数设置，会比直方图更稳定，更容易建立数据印象。不妨试着对比两种方式的表达效果，如图 7-6 所示。

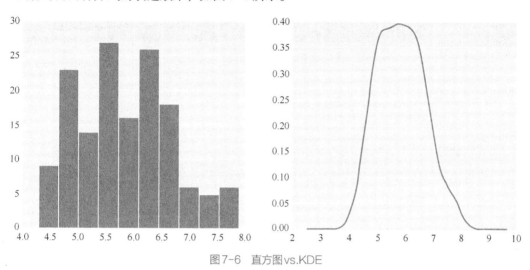

图7-6 直方图vs.KDE

另外，我们可以使用 Seaborn 中的方法同时画出 KDE 和直方图：

Seaborn 一次绘制

```
sns.distplot(iris.SepalLength)
```

我们会看到图 7-7 所示的同时有直方图和 KDE 曲线的复合图。

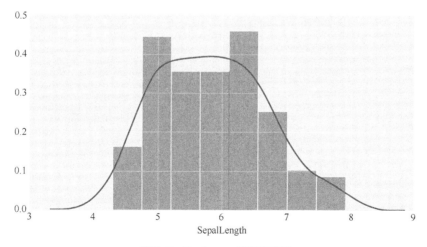

图7-7 Seaborn一次画两个图

还可以一次观察多个变量的分布图，比如下面的代码可以把 4 个数值变量的分布图都呈现出来：

分布图矩阵

```
iris.plot(kind='density', subplots=True,
  layout=(2,2),
  sharex=False,
  fontsize=12,figsize=(8,6))
```

我们会看到图 7-8 所示的分布图矩阵。

也可以使用直方图专用的方法，它也能实现同样的效果：

```
iris.hist(xlabelsize=10,ylabelsize=10,
        figsize=(8,6),
        layout=(2,2), sharex=False)
```

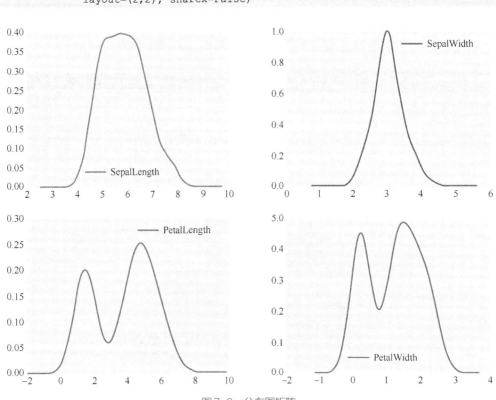

图7-8　分布图矩阵

我们会看到图 7-9 所示的直方图矩阵。

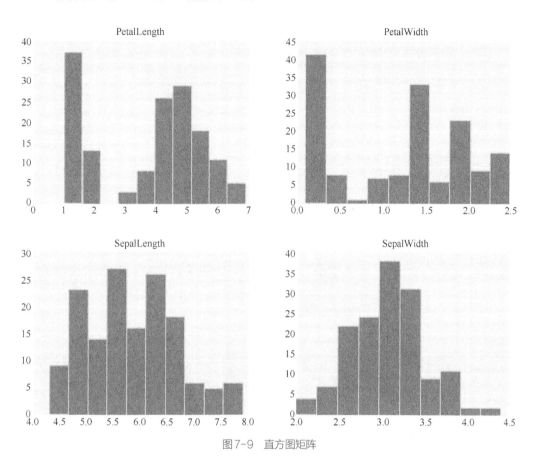

图 7-9　直方图矩阵

7.3　代码实战 2：观察变量间关系

观察完单个变量的分布特点后，接下来就要进一步了解变量之间是否有关系，是线性关系还是非线性关系。常用的工具有散点图、分组箱线图、热力图等。

对于两个数值型变量，可以通过散点图观察它们之间的关系；可以用散点图矩阵一次观察多个变量之间的关系。

散点图矩阵

```
sns.pairplot(iris, size = 2.5)
```

我们会看到图 7-10 所示的结果。

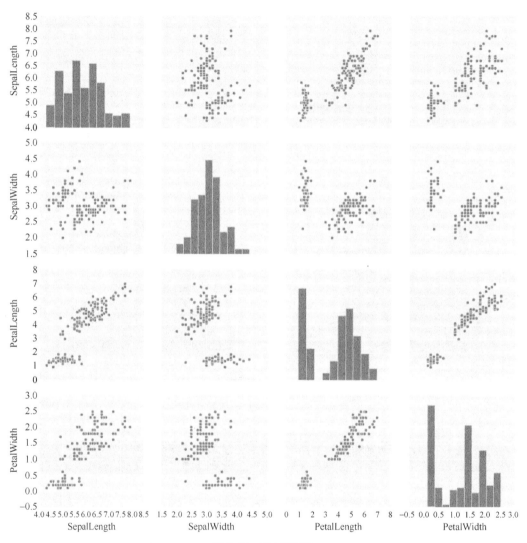

图7-10　散点图矩阵

- 每一行、每一列都对应一个变量。鸢尾花数据集一共有 4 个数值变量，所以一共 4 行 4 列。

- 对角线上是单个变量的直方图，可以观察单变量的分布特征。
- 非对角线是两个变量的散点图，可以观察两个变量之间的关系。

如果观察 3 类鸢尾花在 4 个特征上的区别，我们可以用分组箱线图矩阵绘制，具体如下：

分组箱线图矩阵

```
1. def boxplot(x, y, **kwargs):
2.    sns.boxplot(x=x, y=y)
3.    x=plt.xticks(rotation=90)
4.
5. cols = iris.columns.tolist()
6. data = pd.melt(iris,id_vars=cols[4] ,value_vars=cols[:4])
7.
8. import matplotlib.pyplot as plt
9. f = plt.figure(figsize=(16,16))
10.g = sns.FacetGrid(data,
11.         col="variable",
12.         col_wrap=2,
13.         sharex=False,
14.         sharey=False)
15.g = g.map(boxplot, "Name", "value")
```

这段代码会得到图 7-11 所示的效果。

［代码说明］

- 第 1 ~ 3 行代码定义了函数 boxplot，仅仅是对 Seaborn 中同名方法的一个封装，第 3 行把 X 轴上的文字标签进行旋转。
- 第 5 ~ 6 行代码利用 pandas 的 melt 方法对数据进行重塑，重塑的结果如图 7-12 所示。
- 重塑后数据集中 Names 列是鸢尾花的类别，variable 是变量的名字，value 是变量的值。这种变换也叫横表转纵表。
- 第 10 ~ 15 行代码：完成数据重塑后，我们用 FacetGrid 方法绘制每个变量的分组箱线图。

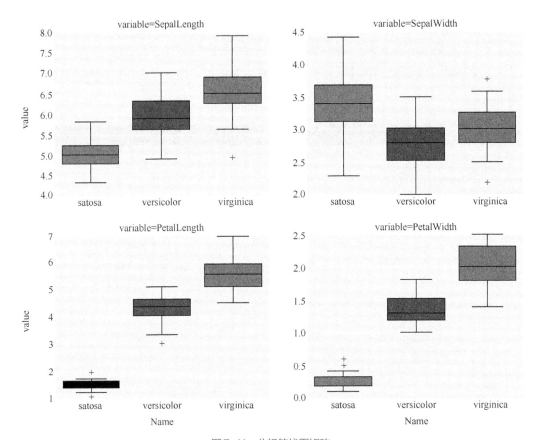

图7-11   分组箱线图矩阵

	Name	variable	value
0	setosa	SepalLength	5.1
1	setosa	SepalLength	4.9
2	setosa	SepalLength	4.7
3	setosa	SepalLength	4.6
4	setosa	SepalLength	5.0

图7-12   用melt方法对数据重塑

- 第 10 行代码中出现的 FacetGrid 方法不是真正的画图，它更像是数据分组以及分组的布局。使用它得到的结果是个可迭代的对象，然后借助于 map（第 15 行代码）完成每一个分组的绘制，而绘制方法就是我们开始定义的 boxplot。

除了散点图和分组箱线图外，相关系数热力图也是常用的观察工具，比如可以这样绘制 4 个变量的相关系数热力图：

相关系数热力图

```
sns.heatmap(iris.corr())
```

运行的结果如图 7-13 所示。

热力图用颜色深浅表示相关性的强弱，颜色越深越相关。

相关系数热力图用的是变量之间的相关系数，所以热力图表达是否准确取决于选择的相关系数是否合理。有些相关系数只能反应线性关系，不能反映非线性关系，所以使用热力图时要慎重，对于不确定的关系还不如用散点图矩阵直观。

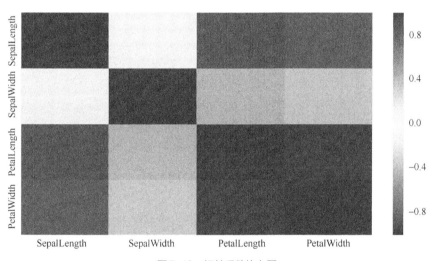

图 7-13　相关系数热力图

7.4　小结

很多人会误以为数据科学完全是由高等数学、统计学和机器学习技术组成。其实不然，探索性数据分析（EDA）作为数据科学的重要组成部分往往被低估或遗忘。

EDA 这个词首次出现于 1977 年约翰·图基（John W. Tukey）写的 *Exploratory Data Analysis* 一书中，后来发展为一个单独的方向。概括来讲，EDA 就是对已有的数据在尽量少的假设下进行探索，通过作图、制表、计算特征量等手段探索数据的结构和规律。EDA 是深入机器学习或建模之前的一个重要的步骤，它很大程度上依赖于可视化技术。

第 **8** 章

数据清洗

在处理任何数据之前，我们的第一任务都是理解数据。包括要理解数据的列和行、记录、数据格式、语义错误、缺失的条目以及错误的格式，这样我们就可以大概了解数据分析之前要做哪些清洗工作。

数据清洗，是整个数据分析过程中不可缺少的一个环节，其结果质量直接关系到模型效果和最终结论。

在数据科学坊间有这么一种说法：数据质量决定了天花板的高度，而使用的算法仅影响到达的高度。这句话很形象地说明了数据质量的重要性。

这一章将借助一份房价数据来演示数据清洗的过程。

8.1 代码实战 1：特征类型校准

首先加载数据：

加载房价数据

```
1. train = pd.read_csv(u'train.csv')
```

pandas 在读取数据时，会推测各个字段的数据类型。在读入数据后要观察一下它推测的结果是否正确：

```
2. train.dtypes
```

推测的结果如图 8-1 所示，其中 object 类型的列就是字符串类型，相当于是类别型变量，而 int、float 都是数值型变量。

```
Out[10]:  Id                   int64
          MSSubClass           int64
          MSZoning            object
          LotFrontage        float64
          LotArea              int64
          Street              object
          Alley               object
          LotShape            object
          LandContour         object
          Utilities           object
          LotConfig           object
          LandSlope           object
          Neighborhood        object
          Condition1          object
          Condition2          object
          BldgType            object
          HouseStyle          object
          OverallQual          int64
          OverallCond          int64
          YearBuilt            int64
          YearRemodAdd         int64
          RoofStyle           object
          RoofMatl            object
          Exterior1st         object
          Exterior2nd         object
          MasVnrType          object
```

图8-1   pandas的自动推测结果

通常来说，数值型变量和类别型变量的处理方法是不一样的，我们需要把两种类型的变量分开，分别放在两个列表中。

区分不同类型的变量

```
1. #数值型变量
2. quantitative = [f for f in train.columns
3.                 if train.dtypes[f] != 'object']
4. quantitative.remove('SalePrice')
5. quantitative.remove('Id')
```

```
6. #类别型变量
7. qualitative = [f for f in train.columns
                  if train.dtypes[f] == 'object']
```

这段代码根据变量是否是 object 类型进行区分，这种区分方法只是第一步的初筛。我们还要结合对数据的理解进行二次调整，有些字段虽然字面上看起来是数值型的，但其实是类别型，对这种字段需要做进一步微调。比如下面几个字段应该属于类别型变量：

进一步区分不同类型的变量

```
1. ccs = ['FullBath', 'HalfBath', 'TotRmsAbvGrd',
2.        'Fireplaces', 'GarageYrBlt',
3.        'GarageCars','OverallQual']
4. for col in ccs:
5.     if col in quantitative:
6.         quantitative.remove(col)
7.     if not col in qualitative:
8.         qualitative.append(col)
```

8.2　代码实战 2：数据分布可视化

在做回归问题建模时，有件事情非常重要但是又常被忽略，就是检查数据分布的正态性。因为回归方法是以残差分布的正态性为前提的，所以如果正态分布不成立，那么回归方法可能就不适用，得到的模型也不正确。

观察一个变量是否服从正态或者其他什么分布，最常用的方法就是直方图，另一种常用方法是概率图。下面代码同时演示了两种图的画法：

数据分布的可视化

```
1. #导入必须的包
2. import scipy.stats as st
3. import seaborn as sns
4. #准备画板
```

```
5. fig, ax = plt.subplots(1, 2)
6. #绘制直方图，同时加上正态分布曲线和 KDE 曲线
7. sns.distplot(train['SalePrice'],
8.              fit=st.norm,ax=ax[0])
9. #绘制概率图
10.res = st.probplot(train['SalePrice'], plot=ax[1])
```

这段代码画出的图如图 8-2 所示。

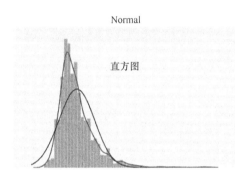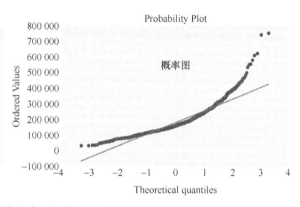

图 8-2　数据分布直方图和概率图

左边这幅图是用 Seaborn 绘制的直方图，Seaborn 在画直方图时可以一并把数据分布的 KDE 曲线以及正态分布曲线都画出来。左图中瘦高的那条曲线就是数据的 KDE 曲线，矮胖的那条曲线就是正态分布曲线。如果数据服从正态分布这两条线应该近似重合。

右边这个图叫概率图。如果数据分布服从正态分布，那么看到的应该是一条近似直线的曲线，而不是现在这样的一条曲线。

如果数据不服从正态分布，就需要对数据做些变换，让转换后的结果能服从正态分布。常见的数据转换包括对数变换、指数变换，或者更高级的 Box–Cox 变换，这里使用的是对数变换：

对数变换

```
1. #对房价做对数变换
2. SalePrice_log = np.log(train['SalePrice'])
3. #绘图代码是一样的
```

```
4. fig, ax = plt.subplots(1, 2)
5. sns.distplot(SalePrice_log,
6.             fit=st.norm,ax=ax[0])
7. res = st.probplot(SalePrice_log, plot=ax[1])
```

第2行代码是把房价取对数，后面几行绘图代码和前面的一样。这次画出来的图如图 8-3 所示。

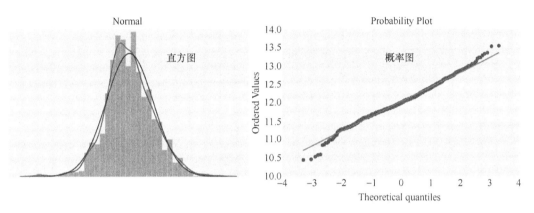

图8-3　变换后的分布图

从这两个图可以看出来，房价做对数变换后已经非常接近正态分布了，虽然不完美，但在工程上已经可以接受了。

8.3　代码实战 3：处理缺失值

真实工作中遇到的数据集难免会有缺失，对缺失数据读者应该先分析发生缺失的原因。有的缺失是有业务意义的，比如在信用卡业务中有一个激活日期字段，很多用户办理信用卡仅是为了领取小礼物，但拿到礼物后却不激活。这时的激活日期字段就是缺失的，这种缺失其实代表了一种用户特征，所以不能简单地当作缺失数据处理。

有时候数据中虽然没有缺失值，但是却有不合理的值，比如用户年龄应该有个合理区间，例如 20 ~ 60 岁，如果出现 200、–1 这样的值，虽然不是缺失值，但也应该按照缺失值处理。

另外，数据中出现缺失值时，我们还可以进一步分析缺失值的模式。比如对于用户收入，收入很高或很低的人都不愿意提供收入数据，这种情况属于非随机缺失。此外，还有完全随机缺失和随机缺失模式，对于不同的缺失模式也应该有不同的处理方法。

我们可以用下面代码观察各个变量上的缺失值比例：

观察缺失值的比例

```
1. missing = train.isnull().sum()/train.shape[0]
2. print(missing.head(3))
```

统计结果如图 8-4 所示，目前看到的只是头 3 列是没有缺失值的。

```
Id              0.0
MSSubClass      0.0
MSZoning        0.0
dtype: float64
```

图8-4　没有缺失值的变量

下面代码可以把缺失值超过一定比例的变量挑选出来：

按照缺失比例过滤变量

```
1. missing = missing[missing > 0]
2. print(u'有缺失值的变量共有：{}'.format(len(missing)))
3. print(u'缺失率超过50%的有{}'.format(len(missing[missing>=0.5])))
4. print(missing[missing>=0.5])
```

代码的输出如图 8-5 所示。

```
有缺失值的变量共有：19
缺失率超过50%的有4个
Fence           0.807534
Alley           0.937671
MiscFeature     0.963014
PoolQC          0.995205
dtype: float64
```

图8-5　缺失超过50%的变量

另外，还可以用图形的方法观察发生缺失值的变量：

```
1. missing.sort_values(inplace=True)
2. missing.plot.bar(color=colors[1])
```

图 8-6 看起来会更加直观。

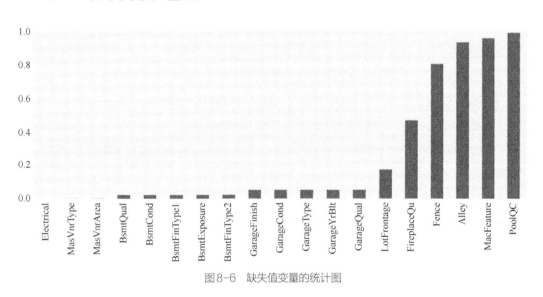

图8-6 缺失值变量的统计图

可以发现一共有 19 个变量都有缺失值，有 4 个变量的缺失率超过了 50%，实际上这 4 个变量的缺失比例在 80% 以上。显然这 4 个变量无论怎么处理都不能很好地被修复，所以可以考虑丢弃。

对有缺失值的变量处理手段有：删除、填充、生成新变量。如果一个变量的缺失比例很严重，比如 70% 以上的记录都是缺失，这样的变量就可以删除不用；如果缺失不严重，比如小于 30%，这样的变量还是可以保留，然后通过一些手段对缺失值进行处理。对于有业务含义的缺失值，可以考虑增加一个变量。

填充缺失值的方法也有若干种，比如用均值填充、用中位数填充、用众数填充，还可以采用机器学习的方法填充，比如最近邻填充和随机森林填充。

填充缺失值

```
1. colName = 'LotFrontage'
2. validData = train.loc[pd.notnull(train[colName])][colName]
3.
```

```
4. fill_value_mean = validData.mean()
5. fill_value_median=validData.median()
6. fill_value_mode = validData.value_counts().sort_values(ascending=False).index[0]
7.
8. train.loc[:,colName].fillna(fill_value_mode,inplace=True)
```

［代码说明］

第 2 行代码：把某个变量没有缺失值的数据提取出来。

第 4 ~ 6 行代码：分别计算该变量的均值、中位数、众数。

第 8 行代码：用众数填充缺失值。

另外，scikit-learn 也提供了一个填充缺失值的 Transformer，目前也支持上面的 3 种填充方式：

用 scikit-learn 完成缺失值填充

```
1. from sklearn.preprocessing import Imputer
2. im =Imputer(missing_values='NaN', strategy='mean', axis=0)
3. im.fit(train[quantitative])
4. train[quantitative]= im.transform(train[quantitative])
```

上面的代码一次性完成对所有数值型变量的缺失值填充，使用的是均值填充法。

除了这些简单的填充方法外，还有一些有机器学习味道的填充策略，比如基于 KNN 的填充，基于决策树的填充。这些填充方法需要自己实现，它们更依赖读者对数据的理解。

8.4　代码实战 4：经验法则和异常值处理

所谓异常值是指偏离大部分数据的异常点。线性回归很容易受到异常值的影响，所以需要把数据中的一些异常值找出来，然后删除或做特殊处理。

异常值检测有很多种方法，这里只介绍最简单的一种：根据正态分布的经验法则。正态分布的图像如图 8-7 所示，根据经验法则，68% 的样本分布在均值附近 1 个标准差范围内，95% 的样本分布在 2 个标准差范围之内，99.7% 的样本分布在 3 个标准差范围之内。

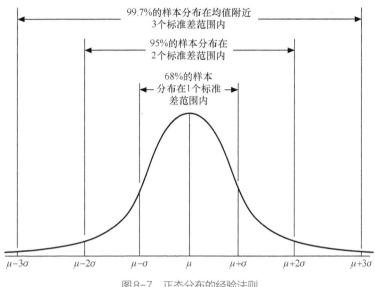

图8-7　正态分布的经验法则

　　如果样本分布在 3 个标准差范围之外，那么它是一种小概率事件，可以看作异常值。

　　在下面代码中，我们先对房价做了标准化处理，然后分别看最低、最高的 10 条价格数据：

发现异常值

```
1. from sklearn.preprocessing import StandardScaler
2. saleprice_scaled = StandardScaler().\
3.     fit_transform(train['SalePrice'][:,np.newaxis])
4. low_range = saleprice_scaled[saleprice_scaled[:,0].\
5.                     argsort()][:10]
6. high_range= saleprice_scaled[saleprice_scaled[:,0].\
7.                     argsort()][-10:]
8. print('outer range (low) of the distribution:')
9. print(low_range)
10.print('\nouter range (high) of the distribution:')
11.print(high_range)
```

这段代码中借助 scikit-learn 中的 StandardScaler 对房价做标准化处理，然后找出最低和最高的 10 条记录打印，代码的输出如图 8-8 所示。

```
outer range (low) of the distribution:
[[-1.83870376]
 [-1.83352844]
 [-1.80092766]
 [-1.78329881]
 [-1.77448439]
 [-1.62337999]
 [-1.61708398]
 [-1.58560389]
 [-1.58560389]
 [-1.5731    ]]

outer range (high) of the distribution:
[[3.82897043]
 [4.04098249]
 [4.49634819]
 [4.71041276]
 [4.73032076]
 [5.06214602]
 [5.42383959]
 [5.59185509]
 [7.10289909]
 [7.22881942]]
```

图8-8　最低和最高的10条记录

可以看到，低房价部分的数据没有异常，基本都在 2 个标准差范围之内。但是高房价部分这 10 条都已经超出了 3 个标准差范围，最高的达到了 7 个标准差，所以对于高房价的记录需要额外关注。如果这几个的确就是别墅之类的高档豪宅，那并不在当前的研究范围之内，是可以考虑删除的。

之前是对原始的房价数据的分析，如果对经过对数变换的数据做同样的分析，看到的结果又不一样了：

变化后的数据的异常值检测

```
1. saleprice_scaled = StandardScaler().\
2.     fit_transform(SalePrice_log[:,np.newaxis])
3. low_range = saleprice_scaled[saleprice_scaled[:,0].\
4.                     argsort()][:10]
```

```
5. high_range= saleprice_scaled[saleprice_scaled[:,0].\
6.                              argsort()][-10:]
7. print('outer range (low) of the distribution:')
8. print(low_range)
9. print('\nouter range (high) of the distribution:')
10.print(high_range)
```

这段代码的输出如图 8-9 所示。

```
outer range (low) of the distribution:
[[-3.91622807]
 [-3.88690861]
 [-3.70971373]
 [-3.61887466]
 [-3.57466161]
 [-2.91762586]
 [-2.89366119]
 [-2.77716166]
 [-2.77716166]
 [-2.73235118]]

outer range (high) of the distribution:
[[2.67421245]
 [2.75967498]
 [2.93393136]
 [3.01183865]
 [3.01896235]
 [3.13480959]
 [3.25526438]
 [3.30930687]
 [3.74914146]
 [3.78253247]]
```

图8-9　对数变换后的异常值分析

在这个结果中，过高的房价和过低的房价都存在，而且分布显然要比前面结果均匀一些。对数据的处理方式不同会得到不同的结论。

8.5　代码实战 5：方差分析和变量筛选

我们前面用图的方式分析了变量之间的关系，但这种方法非常主观，我们还可以通

过一些客观的量化指标进行更加精确的对比。这时就要借助一些统计学中的方法，比如
方差分析。简单地说，方差分析就是比较不同类别中样本均值是否一样，进而判断两个
变量之间是否有相关关系。比如男性的平均身高高于女性平均身高，那么性别对于身高
的分析是有意义的。如果科技大学和医科大学的学生平均身高一样，那么学校这个变量
对于分析学生的身高就没有意义了。

可以用下面的代码实现方差分析：

方差分析

```
1.  import scipy.stats as stats
2.
3.  def anova(frame):
4.      anv = pd.DataFrame()
5.      anv['feature'] = qualitative
6.      pvals = []
7.      for c in qualitative:
8.          samples = []
9.          for cls in frame[c].unique():
10.             s = frame[frame[c] == cls]['SalePrice'].values
11.             samples.append(s)
12.         pval = stats.f_oneway(*samples)[1]
13.         pvals.append(pval)
14.     anv['pval'] = pvals
15.     return anv.sort_values('pval')
```

在这个函数中，我们对每个类别型变量和房价做方差分析。方差分析用的是 scipy.
stats 中的 f_oneway，然后从得到的分析结果中提取 p 值，最后按照 p 值大小对变量做
排序。

定义好这个辅助方法后，可以这么使用它：

用方差分析

```
1.  a = anova(train)
2.  a['disparity'] = np.log(1./a['pval'].values)
3.  sns.barplot(data=a, x='feature', y='disparity')
4.  x=plt.xticks(rotation=90)
```

运行结果如图 8-10 所示，可以很清楚地看到哪些因素是和房价有关系的，以及关系的强弱对比。

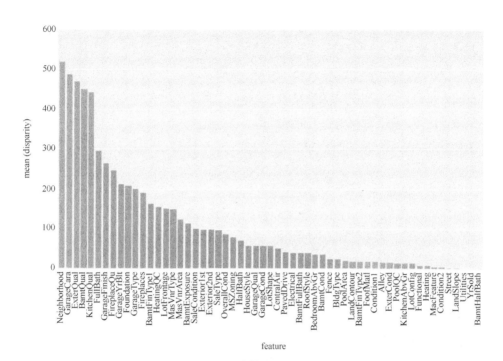

图 8-10 方差分析的结果

除了变量和房价之间的关系外，还要考虑变量和变量之间的关系。回归模型对变量间的相关性容忍度很低。如果变量之间真的有相关性，就需要对数据做一些高级的处理，比如用 PCA 降维，或剔除一些变量。

变量间的相关性也可以借助一些统计学的工具来量化，比如可以用 Spearman 相关系数。这种工具的好处是也能比较非线性相关。

Spearman 相关系数

```
1. def spearman(frame, features):
2.     spr = pd.DataFrame()
3.     spr['feature'] = features
4.     spr['spearman'] = [frame[f].corr(
5.       frame['SalePrice'], 'spearman') for f in features]
```

```
6.      spr = spr.sort_values('spearman')
7.      plt.figure(figsize=(15, 0.5*len(features)))
8.      sns.barplot(data=spr, y='feature', x='spearman', orient='h')
9.
10.features = quantitative
11.spearman(train, features)
```

pandas 已经内置了计算相关系数的方法 corr，直接调用就可以了。上面代码在计算之后又做了排序，使可视化的效果更加清晰。

上面代码的运行结果如图 8-11 所示。

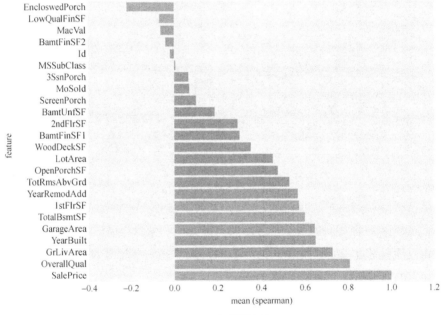

图8-11　相关性比较

当我们对数据进行可视化分析后，我们就对数据之间的关系有了初步的认识，进而可以根据这些结论建模并进行更深入的研究。

第9章

如何做回归

通过前面的数据清洗工作（也叫特征工程），我们得到了一份质量相对可靠的数据集，接下来就是真正的"淘金"（即建模）了。特征工程和建模是迭代的过程，如果建模效果不好，第一反应应该是回顾特征工程，其次才是模型优化。

对于回归问题，线性模型是一个很好的起点。所谓线性模型，从几何角度观察，相当于在二维空间中找一条能够过数据点的直线，如图9-1所示；在三维空间中找一个能够通过所有数据点的平面，如图9-2所示。这可以推广到在更高维空间中寻找超平面的过程。

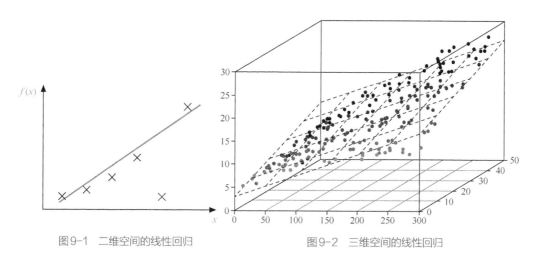

图9-1　二维空间的线性回归　　　　图9-2　三维空间的线性回归

9.1　代码实战 1：经典回归

让我们以波士顿房价数据集为例来学习回归方法。这份数据集记录了房屋的价格和影响房价的因素，比如区域的犯罪率、房间的数量和房龄等。我们可以用这些影响因素对房价建立回归模型。

首先，加载数据：

加载数据

```
1. from sklearn import datasets
2. boston = datasets.load_boston()
3. boston_df=pd.DataFrame(data=boston.data,
4.                        columns=boston.feature_names)
5. boston_df['price']=boston.target
6. boston_df.head(5)
```

scikit-learn 已经集成了这份数据集，通过 load_boston 方法进行加载。

为了便于观察，把这个数据集用一个 DataFrame 对象封装起来。数据集如图 9-3 所示。

	CRIM	ZN	INDUS	CHAS	NOX	RM	AGE	DIS	RAD	TAX	PTRATIO	B	LSTAT	PRICE
0	0.006 32	18.0	2.31	0.0	0.538	0.575	65.2	4.0900	1.0	296.0	15.3	396.90	4.98	24.0
1	0.024 31	0.0	7.07	0.0	0.469	6.421	78.9	4.9671	2.0	242.0	17.8	396.90	9.14	21.6
2	0.027 29	0.0	7.07	0.0	0.469	7.185	61.1	4.9671	2.0	242.0	17.8	392.83	4.03	34.7
3	0.032 37	0.0	2.18	0.0	0.458	6.998	45.8	6.0622	3.0	222.0	18.7	394.63	2.94	33.4
4	0.069 05	0.0	2.18	0.0	0.458	7.147	54.2	6.0622	3.0	222.0	18.7	396.90	5.33	36.2

图9-3　房价数据集

我们可以通过 DESCR 字段获得这份数据集的描述信息，各个特征的含义如下：

```
:Attribute Information (in order):
    - CRIM      per capita crime rate by town
    - ZN        proportion of residential land zoned for lots over 25,000 sq.ft.
    - INDUS     proportion of non-retail business acres per town
    - CHAS      Charles River dummy variable (= 1 if tract bounds river; 0 otherwise)
    - NOX       nitric oxides concentration (parts per 10 million)
    - RM        average number of rooms per dwelling
    - AGE       proportion of owner-occupied units built prior to 1940
    - DIS       weighted distances to five Boston employment centres
    - RAD       index of accessibility to radial highways
```

```
- TAX       full-value property-tax rate per $10,000
- PTRATIO   pupil-teacher ratio by town
- B         1000(Bk - 0.63)^2 where Bk is the proportion of blacks by town
- LSTAT     % lower status of the population
- MEDV      Median value of owner-occupied homes in $1000's
```

然后只需要两行代码就可以建立一个线性回归模型：

训练线性回归模型

```
1. from sklearn.linear_model import LinearRegression
2. lr = LinearRegression(normalize=True)
```

参数 normalize=True 代表要对数据做标准化变换，这样可以避免因特征的数据规模不同而产生的影响。

然后，我们就可以把房价数据传给模型，模型就会自动地学习：

```
1. lr.fit(boston.data, boston.target)
```

那么刚才的学习到底学习到了什么呢？其实学习到的就是一些系数，或者说是每个因素对于房价的影响权重。我们可以这样查看这些系数：

```
1. for f,v in zip(boston.feature_names, lr.coef_):
2.     print(f,'=',v)
```

学习到的系数如图 9-4 所示。

```
CRIM = -0.10717055656035449
ZN = 0.046395219529799929
INDUS = 0.020860239532173162
CHAS = 2.6885613993178885
NOX = -17.79575866030895
RM = 3.8047524602580007
AGE = 0.00075106170331842G
DIS = -1.4757587965198156
RAD = 0.3056550383391001
TAX = -0.012329346305269882
PTRATIO = -0.953463554690559
B = 0.009392512722188905
LSTAT = -0.5254666329007905
```

图9-4　学习到的系数

可以看到，像犯罪率（CRIM）对房价带来的是负面影响，即犯罪率高的地区，房价就会低。而像房间数量(RM)对房价是正面影响，房间越多，房价越高。而像房龄（AGE）虽然对房价也是正面影响，但是影响却微乎其微。

9.2   专家解读

所谓回归模型，就是建立一个 $y=x\theta$ 模型，其中 x、y 是已知的数据。对于波士顿房价问题而言，y 就是数据中的房价，x 就是各种影响房价的因素，比如犯罪率、房龄、房间数量，而 θ 是各种因素对房价的影响系数，也是我们想要从数据中学习到的目标。

通常，我们不可能找到完美的 θ 使得式子的等号成立，肯定会有一定的误差 ϵ。所以模型实际上是 $y=x\theta+\epsilon$。我们希望误差最小，回归问题常用的误差是均方误差，也就是让式子 $\Sigma(y-x\theta)^2$ 的值最小。于是，原始问题最终转化成了一个优化问题，这部分的数学知识请参考大圣老师的《人工智能基础——数学知识》。

好了，已经看到学习成果了，但怎么评价学习成果呢？我们可以把真实房价和模型的拟合房价画出来，看看对比效果：

房价拟合效果

```
1. #预测房价
2. predictions = lr.predict(boston.data)
3. #为了方便观察，下面代码把真实房价和预测房价放在一个DataFrame中
4. import pandas as pd
5. boston_df = pd.DataFrame()
6. boston_df['real']=boston.target
7. boston_df['predict']=predictions
8. boston_df['real'].plot(label='real',linewidth=1)
9. boston_df['predict'].plot(label='pred',
10.                          alpha= 0.7,linewidth=1)
11.plt.legend()
```

得到的效果如图 9-5 所示。

可以看到，拟合的曲线和真实曲线之间还是有一定差异的。这个差异也可以用一个指标量化，比如，用均方误差（MSE）来评价：

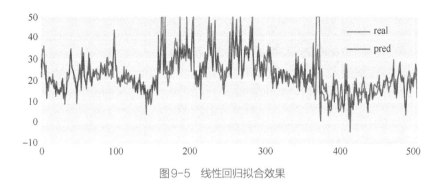

图9-5　线性回归拟合效果

$$MSE= \frac{1}{n}(y-\hat{y})^2$$

公式中的 $\hat{y}$ 就是模型的预测结果，$y-\hat{y}$ 是真实结果和预测结果之间的差值，也叫残差。先看看残差的分布情况：

残差分布

```
1. f = plt.figure()
2. ax = f.add_subplot(111)
3. ax.hist(boston.target - predictions, bins=100)
4. ax.set_title("Histogram of Residuals.")
```

残差的直方图如图 9-6 所示。

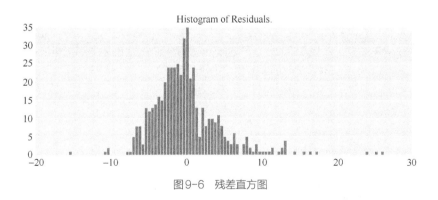

图9-6　残差直方图

从这幅图可以看到，残差的分布有些正态分布的味道，这意味着目前的建模思路还算合理。

最后，来看一下均方误差的值：

```
1. np.mean((boston.target - predictions)**2)

#输出结果
21.8977792176875
```

那么，这个误差结果是好还是不好呢？

不好下结论，没有对比就没有伤害，只能通过和其他模型对比才能知道好还是坏。

9.3 代码实战 2：多元线性回归

对线性回归模型稍作变形，就可以得到复杂的模型。一种变化的思路是可以对变量做些"手脚"，比如线性模型是：

$$y=\theta_0+\theta_1x_1+\theta_2x_2+\theta_3x_3+\cdots$$

可以加上平方项，于是就有了二阶多项式：

$$y=\theta_0+\theta_1x_1^2+\theta_2x_1+\theta_3x_2^2+\theta_4x_2+\cdots$$

这种建模方法就是多项式回归。除了取平方变换，还可以采用取立方变换、对数、指数、高斯等变换。由于变换后的模型整体上看还是线性回归，所以我们可以将其统称为一般线性回归（general linear model）。

一般不是广义

线性回归以及由它延伸得到的多项式回归统称为一般线性模型（general linear model）。机器学习中还有一类模型叫广义线性回归（generalized linear model），二者的英文名字非常像，但却是两个不同的概念。

我们来看看如何引入二阶项，以及如何做多项式回归：

二阶多项式回归

```
1. from sklearn.preprocessing import PolynomialFeatures
2. poly_data = PolynomialFeatures(2).fit_transform(boston.data)
```

```
3. poly_lr = LinearRegression(normalize=True)
4. poly_lr.fit(poly_data, boston.target)
5. pred_poly =poly_lr.predict(poly_data)
```

这段代码用到了 scikit-learn 中的 PolynomialFeatures 来对数据做二阶变换，然后建立回归模型。

回归模型中的参数 normalize=True 意味着要对数据做标准化处理，这样做的目的是消除数据规模对建模的影响。

最后用学习到的模型对数据进行拟合，拟合的效果如图 9-7 所示。

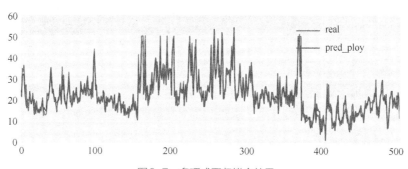

图9-7　多项式回归拟合效果

看起来要比之前标准的线性回归效果要好得多。我们也可以计算残差，之前的残差是 22，这次的残差是 7，残差的缩小也进一步证明了这个模型要比之前的模型好。

```
1. boston_df['res_ploy'] = boston_df['predict_poly'] - \
2.         boston_df['real']
3. np.mean((boston_df['res_ploy']**2))
4. #残差
5. 6.910415946146246
```

还可以搭建更复杂的模型，比如三阶拟合，这时会看到图 9-8 所示的效果，两组曲线基本重合。

这时的残差是：

```
0.1669190766131504
```

可见模型越复杂，模型拟合的效果就越好。

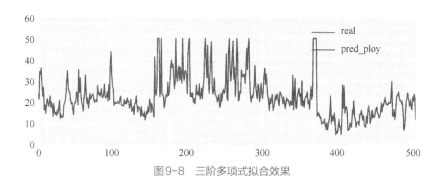

图9-8   三阶多项式拟合效果

9.4   专家解读

当我们提到线性回归模型时，直觉上就是建立 $y=x\theta$ 方程。其实通过对数据 x 的加工，可以延伸出更多复杂的模型，比如这里用到的多项式回归模型以及逻辑回归模型。逻辑回归模型也是线性模型的一种，如果把多个逻辑回归模型叠加在一起，就能得到神经网络乃至深度学习模型，所以说线性回归模型是基础模型。

模型越复杂，模型的拟合效果越好，但很快就会出现过拟合。模型不仅学习到了数据中的规律，还把数据中的噪声也学习到了。过拟合的模型在训练数据上表现得很好，但在测试数据上表现得会很差。那么，如何避免过拟合呢？

9.5   代码实战 3：岭回归

为了解决过拟合，我们可以尝试岭回归。岭回归在线性回归模型的基础上引入了L2 正则，我们可以这样使用岭回归：

岭回归

```
1. from sklearn.linear_model import Ridge
2. ridge_lr = Ridge(alpha=0.1,normalize=True)
3. ridge_lr.fit(poly_data, boston.target)
4. boston_df['ridge'] =ridge_lr.predict(poly_data)
```

Ridge 就是 scikit-learn 中的岭回归模型。岭回归中有一个超参数 alpha，这里先暂时先将其设置成 0.1，然后观察模型的拟合效果。这次的拟合效果虽然没有多项式回归的那么好，但比标准的线性回归要好（见图 9-9）。

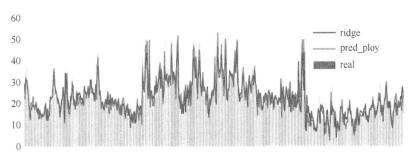

图9-9 岭回归效果

9.6 专家解读

在机器学习的哲学中，人们把问题建模转换成寻找损失函数和寻找让损失函数值最小的优化问题。但是，片面追求损失函数值最小会容易陷入过拟合，所以损失函数值最小并不是唯一目的。通常我们会对损失函数做些改造，让改造后的函数值最小。这部分数学知识参考大圣老师的《人工智能基础——数学知识》。

常见的改造方法是给损失函数加上正则项，于是新的损失函数如下：

$$J(\theta) = L(\theta) + \lambda R(\theta)$$

其中 $R(\theta)$ 叫作惩罚项（也叫正则项）；有些书会把 $L(\theta)$ 部分叫作经验风险，因为这一部分代表的是历史经验的总结；$J(\theta)$ 叫作结构风险。于是，现在要解决的问题是让新的函数值最小。常用的正则项包括 L1、L2 两种。

原始的线性回归加上 L2 正则项之后就得到了岭回归。具体地说，岭回归的损失函数是：

$$J(\theta) = \Sigma (y - X\theta)^2 + \lambda \|\theta\|_2^2$$

这时，损失函数是由均方误差和系数平方和两部分组成。损失函数值最小就要求这两项都要小，也就是说得到的系数不应该太大。

我们可以把之前从多项回归中得到的系数从小到大排列，看看系数的值是怎样的。如图 9-10 所示，第一列是最小的 15 个系数，第二列是中间的 15 个系数，第三列是最大的 15 个系数。

```
-39.923522432926774          -0.00015990078072258173      0.3817865043059817
-39.250707394809645          -0.00012127738170902418      0.3972361942195099
-8.544524209648008           -6.839339631996397e-05       0.48631591750102743
-5.49663416654518            -2.952692800224297e-05       0.67010799363578
-5.240065504169657           1.2859340326074478e-05       1.0392067262216442
-4.6402324608556995          4.3260331140228664e-05       2.088362852620215
-3.910384197994829           8.762216089915238e-05        2.2712714563266307
-1.4078619485207835          8.911489746240733e-05        3.7163984878609138
-1.1972610510120216          0.00015811010196648654       4.755143911184946
-0.9868141245192321          0.00019927815317991596       11.296628070732439
-0.9540688434167923          0.0003235069809786077        18.882545286413425
-0.799943637969951           0.0004925836417691117        35.26311201652858
-0.44975899273122066         0.0007366645603645433        35.26311201654628
-0.4028570963574885          0.0007803022868734849        151.60060387970145
-0.20029978805873971         0.0009793408670110682        379874485200939.0
```

图 9-10　回归系数

再来看岭回归得到的系数，如图 9-11 所示。

通过对比，我们可以清晰地看到模型学习到的系数的差异。岭回归得到的系数比标准回归的系数有很大的收缩，这也是在原始损失函数中加入 L2 正则项的目的所在。

```
-4.371432107507021           -6.24430929421799e-05        0.013926682481185643
-3.0794337266172813          -7.3255455555085406e-06      0.015605650670724681
-2.1808999686829416          -6.6134926937142656e-06      0.01784056487261789
-0.8725786392329571          -2.3879375304080264e-06      0.02045100791911661
-0.6740568367215258          -4.860595306379674e-07       0.02365089886574058
-0.2517314986298961           0.0                         0.0376938766350043
-0.21396374940957325          2.574421979958242e-07       0.04029570204632629
-0.20211370698026396          4.83517358825165e-07        0.07493571509542607
-0.1280852947206388           5.537302012925446e-07       0.19454832195166102
-0.10896287977078055          2.583698202395896e-06       0.2020074450400743
-0.09134978802326463          8.071891248457427e-06       0.2802351425449978
-0.07233603895757715          1.3954990807517365e-05      0.5554647332203565
-0.06209910192601599          2.9057633647758012e-05      0.5554647332203885
-0.051584417923892865         5.686482454247526e-05       1.5352998021704265
-0.04973039379460205          8.878136950488096e-05       1.790427296205569
```

图 9-11　岭回归系数

9.7　代码实战 4：Lasso 回归

如果把 L2 正则项换成 L1 正则项，我们就得到了 Lasso 回归。代码中只需要把模型名字换一下即可：

Lasso 回归

```
1. from sklearn.linear_model import Lasso
2. lasso_lr = Lasso(alpha=0.1,normalize=True)
3. lasso_lr.fit(poly_data, boston.target)
4. boston_df['lasso'] =lasso_lr.predict(poly_data)
```

图 9-12 是对几种回归拟合的效果对比。

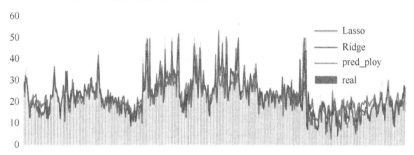

图9-12　几种回归的拟合效果对比

9.8　专家解读

对原始的线性回归加上 L1 正则项之后就得到了 Lasso 回归。Lasso 回归的损失函数如下：

$$J(\theta) = \sum (y - X\theta)^2 + \lambda \|\theta\|_1$$

Lasso 回归的损失函数由均方误差和系数绝对值之和两部分组成。损失函数值最小就要求这两项都要小，因此得到的系数同样也不应该太大。

Lasso 回归和岭回归的区别要看通过观察得到的值为 0 的系数的数量。图 9-13 所示的是 Lasso 回归得到的系数。同样是按照从小到大的排列，可以发现，只有 3 个回归系数非 0，而剩下的系数全部为 0，3 个非 0 系数在数值规模上是相同的。

一个变量的系数可以看作该变量重要程度的量化指标，系数为 0 可以认为这个变量不重要，可以从模型中剔除掉。所以 Lasso 回归的意义可以看作通过筛选重要变量避免模型过于复杂。

```
-0.12248640498959185                          -0.0
-0.077763931382605109                         -0.0
0.0                                           -0.0
-0.0                                          -0.0
0.0                                           0.0
-0.0                                          -0.0
0.0                                           0.0
-0.0                                          -0.0
0.0                                           -0.0
-0.0                                          0.30756111998649666
```

图9-13　Lasso回归得到的系数

9.9 代码实战5：KDE回归

接下来，我们将实现一种特殊的回归方法——KDE回归。scikit-learn中没有直接实现它，需要我们自己动手实现。但在具体编码之前，需要先了解下什么是KDE。

前面提到过，数据预处理阶段我们必须要观察数据的分布情况，一般都是借助直方图观察。但有一种比直方图更高级的图，就是KDE曲线。所以我们和KDE的第一次"亲密接触"由Seaborn"牵线搭桥"，这个包里提供了这种KDE曲线，帮助我们观察数据分布。比如，可以这样做：

绘制 KDE 曲线

```
1.  # 这里用的数据不是房价数据，而是其他的数据集，请勿对号入座
2.  ax[0].hist(x,bins=50, alpha=0.5)
3.  sns.kdeplot(x,ax=ax[1])
4.  sns.distplot(x,ax=ax[2])
```

这段代码画出的结果如图9-14所示。

最左边的图例是我们熟悉的直方图。从直方图能直观地感受到数据是否服从某种分布（如正态分布）。这个例子看起来是两个高斯分布混杂在一起，这也提示读者数据中至少有两类样本存在。

中间这个曲线图就是Seaborn提供的KDE曲线，画图的方法叫kdeplot。从形态上看，好像就是把直方图取无穷个桶后形成的曲线。

最右边的图是把直方图和曲线合在一起同时呈现。

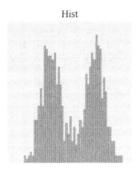
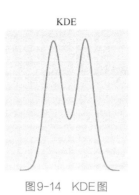
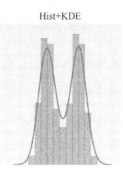

图9-14 KDE图

既然 KDE 曲线能对数据拟合得这么好，那能不能用它来完成预测任务呢？这就是我们想法的来源。

KDE 给我们的传统印象就是一个辅助观察数据分布形态的可视化工具。其实它的作用不限于此，更重要的是它属于一种无参数的学习方法。接下来我们就来实现基于 KDE 的回归模型：

KDE 回归

```
5. from sklearn.base import BaseEstimator, ClassifierMixin
6. from sklearn.neighbors import KernelDensity as KD
7. class KDERegressor(BaseEstimator, ClassifierMixin):
8.     def __init__(self, bandwidth=1.0, kernel='gaussian'):
9.         self.bandwidth = bandwidth
10.        self.kernel = kernel
```

首先，自定义一个 KDERegressor 类。为了让这个自定义学习器符合 scikit-learn 的接口规范，它需要继承两个基类：BaseEstimator 和 ClassifierMixin。构造函数中定义了两个参数，一个是 KDE 的带宽，另一个是 KDE 的核函数。

接下来实现 fit 方法：

```
11. def fit(self, X, y):
12.     self.y_ = y
13.     self.models_ = [KD(bandwidth=self.bandwidth,
14.                     kernel=self.kernel).fit(Xi)
15.                     for Xi in X
```

```
16.                  ]
17.    return self
```

在这个方法中，用 scikit-learn 提供的 KernelDensity 把每个样本的核函数保留下来。
最后，要实现一个预测方法 predict：

```
18.def predict(self, X):
19.    logprobs = np.array([model.score_samples(X)
20.                         for model in self.models_]).T
21.    result = np.exp(logprobs).dot(self.y_.T)
22.    result = result / np.exp(logprobs).sum(0)
23.return result
```

这个方法计算了待预测样本的核函数值并归一化，把归一化的结果作为权重，最终
返回的预测结果就是加权平均值。

这个类定义好之后，可以这样使用它：

KDE 回归用法

```
1. kde = KDERegressor()
2. kde.fit(poly_data, boston.target)
3. boston_df['kde'] =kde.predict(poly_data)
4. #这回看看拟合效果：
5. boston_df['real'].plot(kind='bar',label='real',
6.                        alpha=0.6,colormap='gray' )
7. boston_df['kde'].plot(label='kde',alpha= 0.9, linewidth=1)
8. plt.legend()
```

这次的拟合效果如图 9-15 所示。

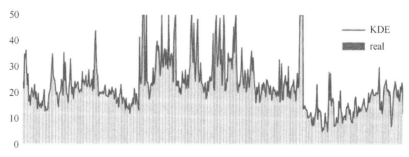

图9-15 KDE的拟合效果

可以看到，拟合的结果非常完美，如此完美但是也出现了过拟合。

9.10　专家解读

KDE（kernel density estimator）中的 K 代表核函数，DE 代表密度估计，所以 KDE 本质上就是一种概率密度估计。假设数据是从某种概率分布中生成的，而密度估计就是根据样本去学习这个概率密度分布。由给定样本求解分布函数是概率统计学的基本问题之一，解决方法为参数估计和非参数估计。

参数估计是人们先假定数据分布是某种特定形态的，比如正态分布，然后再用数据去确定模型中的未知参数的解。前面的线性回归、多项式回归、岭回归、Lasso 回归都属于参数估计。

但前人的经验和理论证明：如果一开始假设的模型与实际的模型不匹配，有较大差距，那么参数估计方法不能取得令人满意的结果。因此，参数估计的效果好坏取决于假设是否合理，假设合理则一切均好，否则会非常尴尬。

非参数估计针对这个缺陷而生，它不利用任何数据分布的先验知识，对数据分布不做任何假定，是一种从数据本身出发研究数据分布特征的方法。因而，在统计学理论和应用领域中它均受到了高度的重视。

我们可以借助 KNN 来理解 KDE，KNN 是典型的无参数学习，因为它不会对数据分布做任何假设，只是根据距离最近的 K 个邻居做决策。

KNN 能够完成分类任务，也可以用于回归问题。简单的想法就是把 K 个近邻的值做加权平均来做预测。这时每个近邻需要一个权重，这个权重可以用核函数。典型的核函数如高斯核函数，scikit-learn 提供了 6 种核函数。这些核函数的样子如图 9-16 所示。

核函数本身的参数对预测效果是有影响的，具体表现就是过拟合或者欠拟合。比如用高斯核时，高斯分布的方差 σ 的选取对最终的 KDE 曲线是有影响的，这个参数叫带宽（band-width）。图 9-17 是对一份数据用不同的带宽拟合的效果图：

从图中可以看到，带宽越小，得到的曲线越曲折，和数据的拟合效果越好，这也就意味过拟合。带宽越大，曲线越光滑，和数据拟合的效果就越差，也就意味着出现欠拟合。

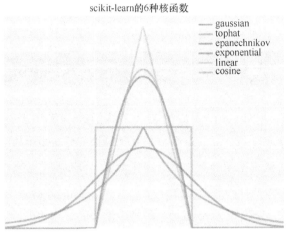

图9-16　典型的核函数

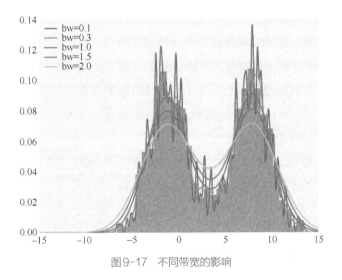

图9-17　不同带宽的影响

把 KDE 用于回归预测时，综合所有数据点的情况来做加权平均，用公式表示如下：

$$\hat{y} = \sum_{i=1}^{N} \frac{k(x^{(i)}, x)}{\sum_{i=1}^{N} k(x^{(i)}, x)} y^{(i)}$$

分式部分可以看作样本 $x^{(i)}$ 的权重，代表它对最终预测结果的影响度。其中分母部分仅仅是做个归一化，使得所有样本的影响权重之和为 1 而已。

看到这里，聪明的读者可能已经感受到，KDE 是一个万能的算法，不需要任何"前提"，比如对数据分布的先验知识，也不需要做任何假设。上来就用简单粗暴。不过我们也能知道，一个万能的方法很可能什么也做不好，所以如果能对数据分布做出正确假设，KDE 效果就不见得比参数学习效果好了。这也是为什么 KDE 方法并没有普及的原因。

虽然 KDE 并不是回归的重点方法，但是和 KDE 师出同门的高斯过程在一些高级算法中却有着广泛的应用，比如在强化学习中就用到了高斯过程，这部分内容超出了本书范围，就不讨论了。

9.11 小结

线性模型是数据科学中最基础的模型，这种方法非常简单、学习效率高、可解释性强、非常容易上手，而且也可以延伸出复杂的模型。

第 **10** 章

支持向量机和图像分类

支持向量机（SVM）是个"有故事"的算法。现在神经网络很火，它的发展经历了三起三落。神经网络的第二次复苏是因为 Hinton 等提出了 BP 算法，并且当时的两层神经网络的很多应用也证明了其效用和价值，可是计算量仍然太大，而且局部最优解问题仍然是个困扰。

20 世纪 90 年代中期 SVM 算法横空出世，很快在若干方面完胜当时的神经网络，所以 SVM 很快就取代了神经网络，成为了主流，神经网络的研究也再次陷入"冰河期"。除了少数几个学者（其中就有 Hinton）还在坚持研究之外，主流学术界已经摒弃了神经网络。甚至只要论文中出现神经网络字眼，就非常容易被会议或期刊拒收，不待见程度可见一斑。可以说是支持向量机终结了神经网络的"第二春"，也可以说是支持向量机阻碍了神经网络的发展，看你怎么理解了。

支持向量机是用来解决分类问题的，来看一个图像分类的例子。

10.1 代码实战 1：支持向量机和图像识别

scikit-learn 提供了 olivetti 人脸数据集。这份数据集一共包含了 40 个人的 400 张照片，其中每人 10 张照片，是图像识别的经典数据集。

我们可以使用这份数据集来做分类任务。如果是人脸识别，就是 40 个类别的分类任务。这时每个类别只有 10 个数据，数据量太少。所以接下来会看到一个二分类的问题而不是多分类问题。

首先，加载数据集：

加载人脸数据集

```
1. from sklearn.datasets import fetch_olivetti_faces
2. faces = fetch_olivetti_faces()
```

数据集加载成功后，把它用 pandas 的 DataFrame 封装起来，便于后续观察。

```
3. import pandas as pd
4. faces_df = pd.DataFrame(data=faces.data)
5. faces_df['label'] = faces.target
6. faces_df.shape
7. #(400, 4097)
```

数据集中的每张图片均是 64×64 大小的灰度图，所以可以看作是 4096 维的向量。图像数据是高相关性的数据，因此可以对数据做些预处理，比如用 PCA 降维消除相关性，又或者用提取 SIFT 特征等方法，不过这些不是本节的重点，不妨就直接用原始数据训练模型。

可以看看前 20 张图片：

查看部分图片

```
1. def print_faces(images, target, top_n):
2.     fig, ax = plt.subplots(4, 5)
3.     fig.subplots_adjust(left=0, right=1, bottom=0, top=1,
4.                         hspace=0.05, wspace=0.05)
5.     for i, axi in enumerate(ax.flat):
6.         axi.imshow(images[i], cmap='bone')
7.         axi.set(xticks=[], yticks=[])
8.
9. print_faces(faces.images, faces.target, 20)
```

可以看到，前 20 张图片是来自这两位男士的，如图 10-1 所示。

在这 400 张图片中，有一部分照片是戴眼镜的，一部分是不戴眼镜的。我们要构造一个能够识别照片中的人是否带了眼镜的分类器，这是一个二分类问题。

首先，手动把数据集中戴眼镜的照片都标记出来：

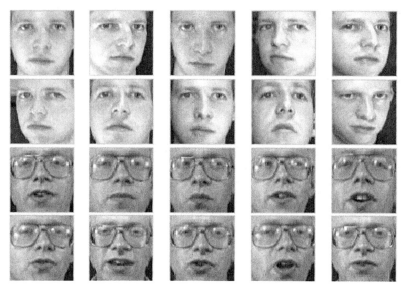

图10-1   数据集的前20张图片

```
1.  glasses = [(10, 19), (30, 32), (37, 38),
            (50, 59), (63, 64),(69, 69),
            (120, 121), (124, 129), (130, 139),
            (160, 161),(164, 169), (180, 182),
            (185, 185), (189, 189), (190, 192),
            (194, 194), (196, 199), (260, 269),
            (270, 279), (300, 309),(330, 339),
            (358, 359), (360, 369)
]
```

然后给图片打标签，戴眼镜的标签为 1，不戴眼镜的标签为 0:

为图片打标签

```
1. def create_target(segments):
2.     创建一个新的y数组
3.     y = np.zeros(faces.target.shape[0])
4.
5.     for (start, end) in segments:
6.         y[start:end + 1] = 1
```

```
7.    return y
8. target_glasses = create_target(glasses)
```

接下来，准备训练数据和测试数据。抽出两个人的 20 张照片作为测试数据集，剩下 38 个人的 380 张照片作为训练集。这么做的目的是想看看训练得到的数据集用在一个陌生人照片上的效果：

准备测试数据

```
1. X_test = faces.data[30:50]
2. y_test = target_glasses[30:50]
3. select = np.ones(target_glasses.shape[0])
4. select[30:50] = 0
5. X_train = faces.data[select == 1]
6. y_train = target_glasses[select == 1]
7. svc_3 = SVC(kernel='linear')
```

然后定义一个方法来辅助我们训练模型和评价模型效果：

模型评估

```
1. def train_and_evaluate(clf, X_train, X_test, y_train, y_test):
2. clf.fit(X_train, y_train)
3. print("Accuracy on training set:")
4. print(clf.score(X_train, y_train))
5. print("Accuracy on testing set:")
6. print(clf.score(X_test, y_test))
7. y_pred = clf.predict(X_test)
8.
9. print("Classification Report:")
10.print(metrics.classification_report(y_test, y_pred))
11.print("Confusion Matrix:")
12.return metrics.confusion_matrix(y_test, y_pred)
```

训练模型并查看效果：

```
train_and_evaluate(svc_3, X_train, X_test, y_train, y_test)
```

可以看到图 10-2 所示的效果。在 20 张图片的测试数据集中，只有一张判断错误了，准确率已经很高了。

```
Accuracy on training set:
1.0
Accuracy on testing set:
0.95
Classification Report:
              precision    recall  f1-score   support

         0.0       0.94      1.00      0.97        15
         1.0       1.00      0.80      0.89         5

avg / total       0.95      0.95      0.95        20

Confusion Matrix:
Out[24]: array([[15,  0],
                [ 1,  4]], dtype=int64)
```

图10-2　模型效果

为什么这张照片判断失误?

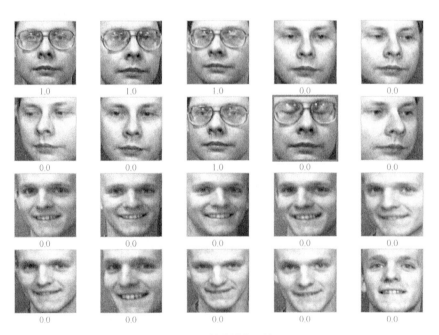

图10-3　被分错的图片

从图 10-3 可以看到，在分错的照片中，男士虽然戴着眼镜，但是闭着眼睛，干扰了模型的判断。

10.2 专家解读

支持向量机属于线性分类器，其想法是在空间中找到一条线，把不同类别的样本点尽可能分开。如果在二维空间中就是寻找一条直线或者曲线；如果在三维空间就是寻找一个平面或者曲面；如果是在高维空间，就是寻找一个超平面或者流形。

接下来用一个简单的二分类例子来理解支持向量机中的重要概念。这个例子中的数据点是二维的，读者可以借助 scikit-learn 提供的方法自己制造样本数据：

生成数据

```
1. from sklearn import datasets
2. X, y =datasets.make_blobs(n_samples=50, centers=2,
3.                  random_state=0, cluster_std=0.60)
4.
   plt.scatter(X[:, 0], X[:, 1],
5.         c=y,cmap=plt.cmap,
6.         marker='o',s=60)
7. plt.show()
```

这段代码用 make_blobs 制造了两类共 50 个样本数据，画出散点图后的效果如图 10-4 所示：

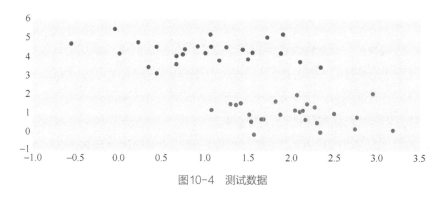

图10-4 测试数据

这份数据集中不同类别的点离得很远。根据 SVM 的想法，我们要找到一条线，把这两类样本完美地分开。就这份数据集而言，这样的线不止一条，有很多线符合要求，比如图 10-5 中的这 3 条线都能做到完美分开：

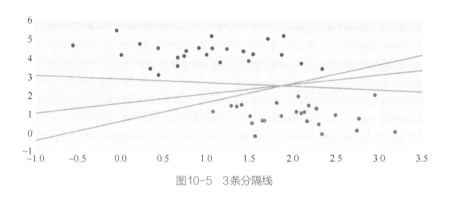

图10-5　3条分隔线

虽然这 3 条线能把数据集完美分开，但是要对未知数据做预测时就有问题了。比如，对图 10-6 中的这个 × 数据点，不同的分隔线会得到不同的结果。

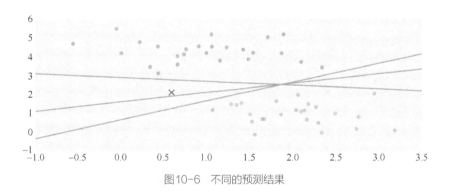

图10-6　不同的预测结果

所以，仅仅找到一条分隔线是不够的，我们需要找到一条"最好"的分隔线，那什么样的分隔线才是最好的呢？

一条分隔线到两侧最近的样本点的距离叫作间隔，这个间隔是可以测量、可以比较的。最好的分隔线就是使间隔最大的分隔线。

比如在图 10-7 中，之前的 3 条线它们所能撑开的间隔用阴影来表示，显然中间那条分隔线撑出的间隔是最宽的。所以就这 3 条线来说，中间的这条线是最好的分隔线。

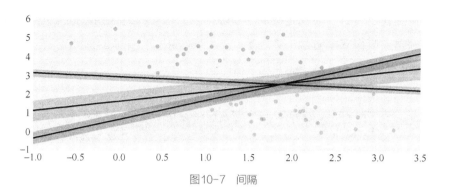

图10-7 间隔

接下来，我们看看如果用 scikit-learn 的 SVC 得到的分隔线是什么样的：

```
1. from sklearn.svm import SVC
2. base_svc = SVC(kernel='linear',C=1E5)
3. base_svc.fit(X, y)
```

这里我使用的是线性 SVC，并把超参数 C 设置成一个很大的数字。这个超参数的含义后面会讨论，这里可以先忽略。

为了能够看出 SVC 到底如何工作，我自定义了一个画图方法 plot_decision_boundary。对于刚刚训练好的模型，我这样观察它：

```
43.plot_decision_boundary(base_svc, X, y, "SVM")
```

结果如图 10-8 所示，它就是得到的模型。

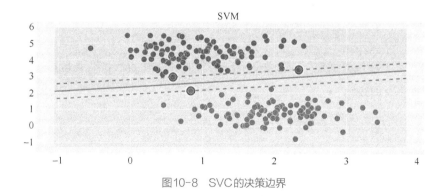

图10-8 SVC的决策边界

图 10-8 中间那条实线就是 scikit-learn 找到的最好分隔线，上下的两条虚线叫支撑

平面，两条虚线之间的区域就是所谓的间隔。我们还会看到有些数据点和支撑平面相交，这些数据点叫作支撑向量，这也是 SVM 名称的由来。scikit-learn 会把这些样本点记录在模型的 support_vectors_ 属性中。

10.3　代码实战 2：核技巧

前面这个例子中的数据是可以完美分开的，但现实中这样的情况很少，更多情况下是不能完美分开的。SVM 的强大之处就在于它能够很好地解决线性不可分。不妨构造一份新的数据集：

```
1. X, y = datasets.make_circles(200, factor=.1, noise=.1)
2. plt.scatter(X[:, 0], X[:, 1], c=y, s=50, cmap=plt.cmap)
```

上面代码用 make-circles 方法创建了一份圆形数据集，画出来如图 10-9 所示。

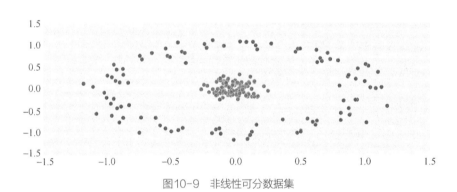

图10-9　非线性可分数据集

显然，对于这份数据集，无论如何也不可能找到一条直线把两类数据点完美分开。比如，如果非要用线性 SVC：

```
3. clf = SVC(kernel='linear').fit(X, y)
```

得到的分隔线如图 10-10 所示。

```
4. plot_decision_boundary(clf, X, y, "SVM",False)
```

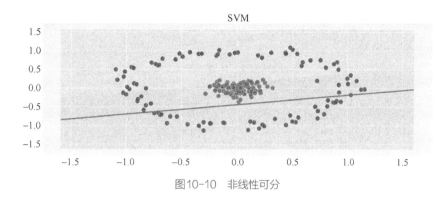

图10-10　非线性可分

其实直觉告诉我们，最好的分隔线应该是一个圆环。但怎么能把这个圆环找到呢？这时可以借鉴之前线性回归中用到的思想：制造出更多的特征。其实就是把原来二维的数据映射到高维空间中，让原来在二维空间中线性不可分的数据到了高维空间中线性可分。

比如，我们可以制造一个新的特征，令它等于 x^2+y^2：

```
z = (X ** 2).sum(1)
```

接下来，从三维视角看看新的数据集：

三维散点图

```
1. from mpl_toolkits import mplot3d
2. def plot_3D(elev=20, azim=30, X=X,z=z):
3.     ax = plt.subplot(projection='3d')
4.     ax.scatter3D(X[:, 0], X[:, 1], z, c=y, s=50, cmap=plt.cmap)
5.     ax.view_init(elev=elev, azim=azim)
6.     ax.set_xlabel('x')
7.     ax.set_ylabel('y')
8.     ax.set_zlabel('z')
9.

   plot_3D()
```

经过这样的处理后，你会发现深色的样本点在三维空间中被抬高了，浅色的样本点虽然也有部分被抬高了，但是幅度远远不及红色点。于是，在三维空间中这两类点变得可分了，见图 10-11。

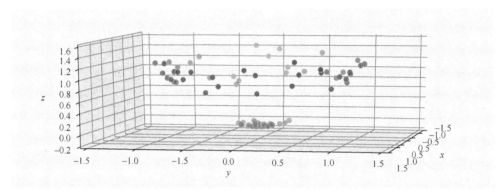

图10-11 三维空间中线性可分

比如插入一个 $z=0.4$ 的平面，数据集就可以完美地分开，如图 10-12 所示。

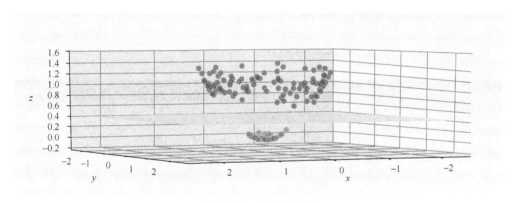

图10-12 线性分隔面

就这个特意设计的例子而言，我们想到了扩展到高维的方法，但实际数据并没有那么方便的观察方法，能不能让算法自动地扩展到高维呢？这就是所谓的核技巧。关于核技巧的数学背景这里就不介绍了，读者只需要知道它仅仅是一种数学运算技巧就好了。接下来以 scikit-learn 提供的径向基核为例，看看这份数据最终的分类效果：

```
1. rbf_svm = SVC(kernel='rbf', C=1E6)
2. rbf_svm.fit(X, y)
```

得到的分类器如图 10-13 所示。

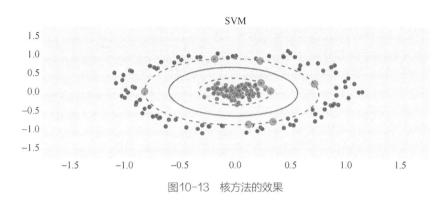

图10-13 核方法的效果

从这幅图可以看到，数据被完美地分开了。还可以在其他的数据集上试试，比如下面这份数据：

```
1. X, y =datasets.make_blobs(n_samples=200, centers=2,
2.             random_state=0, cluster_std=1.10)
```

数据可视化的效果如图 10-14 所示，显然两类数据交织在一起，很难找到一条直线完美地分开：

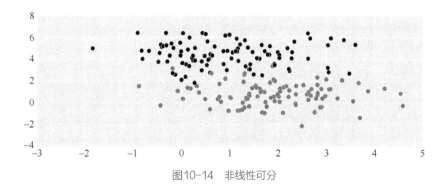

图10-14 非线性可分

如果使用径向基核，得到的是图 10-15 所示的这样一条分隔线。

对于这个数据集来说，不管是用什么样的核函数，都不能把两类样本点完美分开。即便能够找到完美的分隔线，间隔也可能非常窄。从避免过拟合的角度来说，我们也不希望间隔太窄。这时就要退回去重新定义问题。

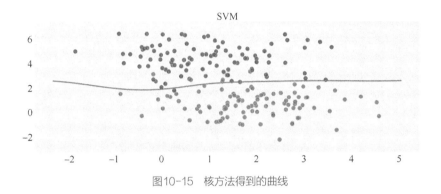

图10-15　核方法得到的曲线

10.4　代码实战 3：软间隔 vs 硬间隔

软间隔是说不再追求数据完全分开，就像在线性回归中允许一定的误差存在一样。我们允许一部分数据点被分错，或者为了让间隔变宽，可以允许一部分样本点落在间隔之内，这就是所谓的软间隔。而之前的间隔就是硬间隔。

通过设置 SVC 中的参数 C，我们就能够实现软间隔并对软间隔进行调整。比如对于图 10-14 所示的这个数据集而言，假设用线性核，在不进行显式设置时，C 会使用默认值：

```
1. radial_svm = SVC(kernel='linear')
2. radial_svm.fit(X, y)
```

这时得到的分隔线如图 10-16 所示。

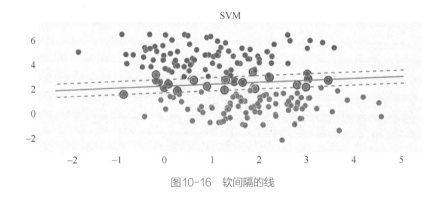

图10-16　软间隔的线

很多样本点落在了间隔之内，而且还有一些样本点被分错了。

如果尝试让 C 取不同的值，你会看到图 10-17 所示的结果。

从这些分隔线的效果来看，读者能够得到这样的结论：C 越大，意味着越倾向于硬间隔；C 越小，间隔越宽，对于分错的容忍度也越高。

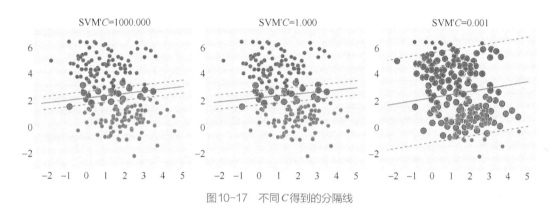

图 10-17　不同 C 得到的分隔线

10.5　小结

虽然当下深度学习火爆，但如果要比较理论支撑的话，深度学习和机器学习完全不是一个档次的。支持向量机的难度在经典机器学习算法中也是名列前茅的，它有一整套完备的数学理论背书，简直是理论数学和工程应用的结合典范。准备面试的读者要注意了，目前很多机器学习岗位面试时支持向量机是必考的。

第 11 章

模型评估和优化

第 9 ~ 10 章介绍了回归和分类这两类问题，这也是机器学习最擅长解决的两类问题。现实生活中的很多场景可以套用这两类问题，比如，图像处理技术中的物体分割要完成两个任务：把图片中的物体框选出来，这是个回归问题；要识别出这个物体是猫还是狗，这是个分类问题，如图 11-1 所示。

图11-1　图像分割其实就是回归加分类

不管是回归问题还是分类问题，都会有很多的解决方法。本书所介绍的都是一些基本的算法。

现在，我想和读者讨论的是另一个问题：一个模型训练完毕后，该如何评价模型的效果？

一个很直接的想法，就像学生学习一样，来次摸底考试看看成绩。在机器学习中的做法就是用测试数据跑个评分出来。

11.1　代码实战 1：如何评估模型的分数

在前面的分类问题中，我们已经见过了评价分类模型的指标，下面这个方法就把一些常用的评估指标一股脑地打印出来。

分类模型效果评估指标

```
1. from sklearn import metrics
2. def evaluate(clf, X_train, X_test, y_train, y_test):
3.     print(u"训练集上的准确度:")
4.     print(clf.score(X_train, y_train))
5.     print(u"测试集上的准确度:")
6.     print(clf.score(X_test, y_test))
7.
8.     y_pred = clf.predict(X_test)
9.
10.    print(u"分类效果报告:")
11.    print(metrics.classification_report(y_test, y_pred))
12.    print(u"混淆矩阵:")
13.    return metrics.confusion_matrix(y_test, y_pred)
```

然后这样使用这个方法：

```
1. evaluate(clf, X_train, X_test, y_train, y_test)
```

会看到图 11-2 所示的输出。

在 scikit-learn 中有两种途径得到模型分数，一个是每个模型都有的 score 方法，另一个是专门用于评分的模块 metircs。

```
训练集上的准确度:
0.964285714286
测试集上的准确度:
0.894736842105
分类效果报告:
                precision    recall  f1-score   support

          0         1.00      1.00      1.00        13
          1         0.83      0.94      0.88        16
          2         0.86      0.67      0.75         9

avg / total         0.90      0.89      0.89        38

混淆矩阵:

array([[13,  0,  0],
       [ 0, 15,  1],
       [ 0,  3,  6]])
```

图11-2　效果评估报告

在分类模型效果评估指标的代码中，我们通过调用模型的 score 方法分别得到了在训练集和测试集上的分数。传给 score 的两个参数 X、y 相当于试卷内容和标准答案。

除了使用每个模型自己的 score 方法，metrics 模块还提供了更丰富的评估指标。比如方框内就是利用 metrics.classification_report 输出包含精度、召回率、F1-score、支持度4 类指标的综合报告，而图 11-2 的最后一部分内容就是利用 metrics.confusion_matrix 输出混淆矩阵。

11.2　专家解读

对于初次使用 scikit-learn 的读者，一定会惊讶于它所提供的指标数量。比如，图 11-3 所示的就是 metrics 中用于评价分类模型的评估方法，有 21 个之多。为什么会有这么多种方法，又该如何选择？

人们设计指标是为了找出"好"模型，但由于对"好"的理解角度不同，就有了不同的评估指标，不过这些指标之间的关系是有迹可循的。

从一个最基础的混淆矩阵说起。之所以说它是基础，是因为其他的指标都是基于它衍生出来的。混淆矩阵如图 11-4 所示。

Classification metrics

See the Classification metrics section of the user guide for further details.

metrics.accuracy_score (y_true, y_pred[, ...])	Accuracy classification score.
metrics.auc (x, y[, reorder])	Compute Area Under the Curve (AUC) using the trapezoidal rule
metrics.average_precision_score (y_true, y_score)	Compute average precision (AP) from prediction scores
metrics.brier_score_loss (y_true, y_prob[, ...])	Compute the Brier score.
metrics.classification_report (y_true, y_pred)	Build a text report showing the main classification metrics
metrics.cohen_kappa_score (y1, y2[, labels, ...])	Cohen's kappa: a statistic that measures inter-annotator agreement
metrics.confusion_matrix (y_true, y_pred[, ...])	Compute confusion matrix to evaluate the accuracy of a classification
metrics.f1_score (y_true, y_pred[, labels, ...])	Compute the F1 score, also known as balanced F-score or F-measure
metrics.fbeta_score (y_true, y_pred, beta[, ...])	Compute the F-beta score
metrics.hamming_loss (y_true, y_pred[, ...])	Compute the average Hamming loss.
metrics.hinge_loss (y_true, pred_decision[, ...])	Average hinge loss (non-regularized)
metrics.jaccard_similarity_score (y_true, y_pred)	Jaccard similarity coefficient score
metrics.log_loss (y_true, y_pred[, eps, ...])	Log loss, aka logistic loss or cross-entropy loss.
metrics.matthews_corrcoef (y_true, y_pred[, ...])	Compute the Matthews correlation coefficient (MCC) for binary classes
metrics.precision_recall_curve (y_true, ...)	Compute precision-recall pairs for different probability thresholds
metrics.precision_recall_fscore_support (...)	Compute precision, recall, F-measure and support for each class
metrics.precision_score (y_true, y_pred[, ...])	Compute the precision
metrics.recall_score (y_true, y_pred[, ...])	Compute the recall
metrics.roc_auc_score (y_true, y_score[, ...])	Compute Area Under the Curve (AUC) from prediction scores
metrics.roc_curve (y_true, y_score[, ...])	Compute Receiver operating characteristic (ROC)
metrics.zero_one_loss (y_true, y_pred[, ...])	Zero-one classification loss.

图11-3　scikit-learn 中分类问题的评估指标

实际＼预测	Positive	Negative
Positive	True Positive (TP)	False Negative (FN)
Negative	False Positive (FP)	True Negative (TN)

图11-4　混淆矩阵

注意，Positive 和 Negative 代表模型的判断结果；True 和 False 评价模型的判断结果是否正确。

对于一个二分类模型，当交给它一份考卷时，它预测的结果会有 4 类。

- 正确答案为 Positive，预测也为 Positive，这一类归为 TP。
- 正确答案为 Negative，预测也为 Negative，这一类归为 TN。
- 正确答案为 Positive，预测为 Negative，这一类归为 FN。
- 正确答案为 Negative，预测为 Positive，这一类归为 FP。

于是就可以得到图 11-4 所示的这样一个混淆矩阵。从这个矩阵又衍生出各种指标，最直接的指标就是准确率（accuracy），准确率公式如下，这也是在调用模型的 score 方法时给出的结果：

$$accuracy = \frac{TP+TN}{TP+FN+FP+TN}$$

在实际问题场景中，只依靠准确率指标会有问题，尤其对于分布不均衡的数据而言。

举个例子：测试样本中有 A 类样本 90 个，B 类样本 10 个。两类样本的比例是 9∶1，这是一个典型的样本分布不均衡场景。假设有两个模型 C1 和 C2：

- 模型 C1 把所有的测试样本都划分到了 A 类；
- 模型 C2 把 A 类的 90 个样本分对了 70 个，B 类的 10 个样本分对了 5 个。

C1 的准确率为 90%，C2 的准确率为 75%。从准确率来看 C1 要比 C2 高一些。但 C2 会比 C1 更有用吗？

在银行的信用卡风险评估中，绝大部分的用户都是好用户，恶意用户占比很少，假设二者的比例是 9∶1。虽然模型 C1 的准确率是 90%，但是因为它把 10 个恶意用户评估为好用户，从而导致这 10 笔放款血本无收。C2 模型的准确率虽然是 75%，但它只有 5 笔放款损失，所以从错误的成本上讲 C2 要比 C1 更好。

除了准确率，人们还设计了精度和召回率两个指标。精度（precision）代表模型的查准能力，公式如下：

$$precision = \frac{TP}{TP+FP}$$

召回（recall）代表模型的查全能力。公式如下：

$$recall = \frac{TP}{TP+FN}$$

把精度和召回综合在一起就有了 F1-Score：

$$F1\text{-}Score = \frac{2 * recall * precision}{recall + precision}$$

其实前面 3 个指标是和阈值有关系的，通过调整阈值就可以得到不同的指标分数。

很多场景下其实不需要阈值，于是需要一个不依赖于阈值的指标，这就是 ROC 和 AUC。ROC 是一个可视化工具，AUC 是基于 ROC 得到的指标。

11.3　代码实战 2：绘制 ROC 曲线

对于分类问题还有一个很重要的工具——ROC 曲线和 AUC 值。ROC 曲线可以对模型效果进行可视化，便于不同模型间的对比。而 AUC 值是基于 ROC 曲线计算的量化指标。

要想绘制 ROC 曲线，需要以下操作：首先用训练数据训练好模型，然后把测试数据传给模型，最后获得模型的预测结果：

绘制 ROC 曲线

```
1. from sklearn.linear_model import LogisticRegression
2. lr = DecisionTree()
3. lr.fit(X,y)
4. y_pred = lr.predict_proba(X)
```

然后，把预测结果和真实结果一起传给 metrics.roc_curve 方法，这个方法会返回三元组，前两个元素就是绘制 ROC 曲线需要的假阳性率（False Positive Rate，FPR）、真阳性率（True Positive Rate，TPR），利用这两个数据就可以绘制 ROC 曲线了。roc_curve 方法本身并不画图，它的作用是做好画图前的准备工作。

```
5. from sklearn.metrics import roc_auc_score,roc_curve,auc
6. fpr,tpr,_ = roc_curve(y,y_pred[:,1])
```

接下来就是绘图了：

```
7. import matplotlib.pyplot as plt
8. import seaborn as sns
9. plt.plot(fpr,tpr,label='LR')
10.plt.xlabel('False Positive Rate')
11.plt.ylabel('True Positive Rate')
12.plt.legend()
```

绘制的 ROC 曲线如图 11-5 所示，横坐标是 FPR，纵坐标是 TPR。

我们可以尝试多个模型，然后对比它们的 ROC 曲线，这有助于筛选出最好的模型。

多个 ROC 模型的对比

```
1. classifiers = {
2.     'lr':LogisticRegression(),
3.     'svc' : SVC(probability=True),
4.     'adc' : AdaBoostClassifier(),
5.     'gbdt' : GradientBoostingClassifier()
6.     }
```

```
7.
8. y_scores =
   [(cname,clsfier.fit(X_train,y_train).predict_proba(X_test)[:,1]) for
   cname,clsfier in classifiers.items()]
```

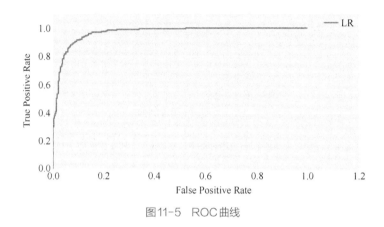

图11-5　ROC曲线

在这段代码中，我们一共准备了 4 个分类模型，用相同的数据对 4 个模型训练并用相同的考卷进行测试。

接下来，把每个模型的答案和标准答案传给 roc_curve 方法，得到绘制 ROC 曲线的元素。

```
9. tprs=dict()
10. fprs=dict()
11. aucs = dict()
12. for cname,y_pred in y_scores:
13.     fprs[cname],tprs[cname],_ = roc_curve(y_test,y_pred)
14.     aucs[cname] = auc(fprs[cname],tprs[cname])
```

为了方便对比，我加了一个对照组，对照组模拟的是随机猜测：

```
15. import numpy as np
16. y_scores.append(('random',np.random.rand(3000)))
```

最后绘制曲线：

```
17. for cname in aucs.keys():
```

```
18.   plt.plot(fprs[cname],
19.        tprs[cname],
20.        label='{0} ROC (auc={1})'.format(cname,aucs[cname]))
21.
22.plt.xlim([0.0,1.0])
23.plt.ylim([0.0,1.1])
24.plt.legend(loc='lower right')
```

得到的结果如图 11-6 所示。

对于 ROC 曲线，希望越靠近左上角越好，所以从图 11-6 这个结果上看，GBDT 的 ROC 曲线是最好的。这一点从它的 AUC 值也得到印证，GBDT 的 AUC 值是最大的。

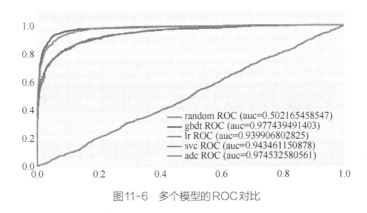

图11-6　多个模型的ROC对比

11.4　专家解读

ROC 曲线的全名叫作 Receiver Operating Characteristic Curve，它是从医学借鉴过来的一种分析工具。ROC 曲线的横坐标是 FPR（假阳性率），纵坐标是 TPR（真阳性率）。二者的计算公式如下：

$$TPR=\frac{TP}{TP+FN}$$

$$FPR=1-\frac{TN}{TN+FP}=\frac{FP}{TN+FP}$$

对角线代表的是一个效果比较坏的分类器，就像考试时靠丢硬币写答案一样，这种完全瞎猜的效果就是这条对角线。我们训练出来的模型总应该比它好一些吧，所以一般情况下模型的 ROC 曲线应该在对角线的上方。

如果很不幸你得到一个位于对角线下方的模型，直接的补救办法就是把所有的预测结果取反即可。

ROC 曲线越靠近左上角，说明模型效果越好，等价于曲线和坐标轴围出来的面积越大越好。

用 ROC 曲线来表示分类器的性能很直观。人们还是更喜欢用数值方式来量化模型的好坏，于是就有了 AUC（area under curve）。顾名思义，AUC 的就是 ROC 曲线和坐标轴围出来的那部分区域的面积大小。通常 AUC 的值介于 0.5 到 1.0 之间。

有了这些评估模型的工具之后，接下来就要用交叉验证的方式来获得模型的评分了。

11.5　代码实战 3：使用交叉验证对模型评分

在评估模型时，我们更关心模型对于新样本的泛化能力，所以，应该使用训练过程中从未出现过的数据来评估模型的性能。我们会把数据分成两部分：一部分用于训练模型，另一部分用于测试模型。这里有一个潜在的问题：二者的比例该如何分配才是合理的？

在理想的情况下，我们希望训练和测试能够使用所有的数据。

这时，就可以使用交叉验证了。

交叉验证

```
1. from sklearn.cross_validation import cross_val_score
2. estimator = LogisticRegression(penalty='l1')
3. scores = cross_val_score(estimator,X,y,
4.                         cv=5,verbose=1,
5.                         scoring = 'log_loss')
6. #由于做的是5折交叉验证，所以有5个分数
7. scores
8. [-0.25364698 -0.26807594 -0.40635525 -0.31994813 -0.40034799]
```

```
  #最终的平均分数
9.
10.scores.mean()
   -0.329674860089218
```

通常我们做的叫 k- 折交叉验证，这里的 k 对应一个具体的数字，比如 5 就是 5 折交叉验证，10 就是 10 折交叉验证。

scikit-learn 中的 cross_val_score 就是交叉验证，其中参数 cv 就是 k 的意思。

上面的代码做了 5 折交叉验证，scikit-learn 会把数据分成 5 份，每次拿出其中的 4 份训练模型，剩下的一份用于测试模型效果。于是就会训练出 5 个模型，并得到 5 个评分，取平均值作为模型的效果评分。过程如图 11-7 所示。

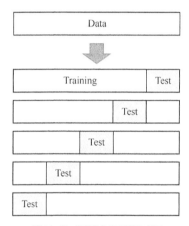

图11-7　五折交叉验证过程

还可以用交叉验证比较不同的模型。

用交叉验证比较不同模型

```
1. from sklearn.linear_model import LogisticRegression
2. from sklearn.svm import SVC
3. from sklearn.ensemble import RandomForestClassifier,AdaBoostClassifier
4. import pandas as pd
5. estimators = dict()
6. estimators['lr'] = LogisticRegression(penalty='l1')
7. estimators['svc'] = SVC()
```

```
8. estimators['rf'] = RandomForestClassifier()
9. estimators['adbc']=AdaBoostClassifier()
10.
11.scores = pd.DataFrame()
12.for key,estimator in estimators.items():
13.    scores[key] = cross_val_score(estimator,
14.                        X,y,cv=10,scoring='roc_auc',
15.                        verbose=2)
```

上面这段代码中，一共尝试了 4 种分类模型，对每一种模型都做了 10 折交叉验证，并把它们的 AUC 分数收集到一个 DataFrame 中。然后就可以进行对比了。

下面这段代码用于绘制 4 个模型 AUC 评分的箱线图。

绘制 4 个模型 AUC 评分的箱线图

```
16.import matplotlib.pyplot as plt
17.import seaborn as sns
18.scores.boxplot()
19.plt.show()
```

通过图 11-8 可以看到，逻辑回归和支持向量机的平均分数要比其他两种方法的高。

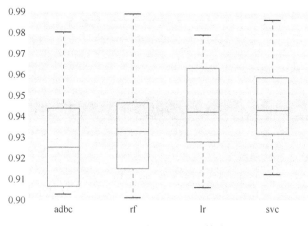

图11-8　不同模型的AUC箱线图

11.6 小结

当我们千辛万苦地得到一个模型后，该如何评价模型的好坏呢？用本章介绍的方法可以得到令人信服的解答。

另外，如果对模型效果不满意，该如何提升模型的效果呢？基本上有以下几种方法：增加样本量、调整模型的复杂度。模型效果不好时，既可能是因为模型的复杂度不够，也可能是因为过于复杂。比如，回归问题，如果数据之间根本没有线性关系，那么硬用线性模型不会有好的效果，这时应该增加模型的复杂度，比如加入多次项，又或者用决策树这样的非线性模型。我们也可以修改特征空间，比如在前面支持向量机的例子中，通过对样本增加新的特征，把原来低维空间线性不可分的问题转化成高维空间线性可分的问题。

第**12**章

神经网络和深度学习

在第 4 章中已经介绍过机器学习、神经网络和深度学习的关系。简单地说，神经网络是机器学习众多的算法之一，深度学习本质上是神经网络，通常来说超过 2 个隐藏层的神经网络就可以定义为深层网络。接下来，我们先来认识下什么是神经网络。

12.1 神经网络

神经网络是对人类神经系统工作过程的一个粗浅的模拟。从生命科学的角度来说，人类神经系统活动的机制并没有完全搞清楚，包括人的智能也没有搞清楚，因此目前人工智能的神经网络还只是很粗糙的模拟。

回忆下中学时学过的生理知识，人类神经系统的基本组成单位是神经元，据说大脑皮层中有 160 亿个神经元。

一个神经元由细胞体、突起组成，神经元之间通过突起相互连接，如图 12-1 所示。突起由于形态结构和功能的不同，可分为树突和轴突。树突从其他神经元接受刺激并将冲动传入细胞体。轴突将冲动由胞体传至其他神经元。

为了更形象地理解神经元的工作过程，你可以将一个神经元想象成一个水桶。水桶有许多的进水管（树突），还有一个出水管（轴突），每个水管的口径粗细（权重）不一样，对桶中水位的影响程度也不同，如图 12-2 所示。水管对水桶的作用最终体现在水桶内水位的改变，当桶中水达到一定高度时，就能从出水管（轴突）排出去了。

不同的神经元之间通过突起连接。当一个神经元"兴奋"后，就会"骚扰"和它相连的神经元，相当于向其他的水桶灌水。如果这些神经元的水位超过了一个"阈值"，那么它们又会被激活并兴奋起来，接着再向其他神经元发送化学物质，犹如涟漪就这样一层接着一层地传播开来。

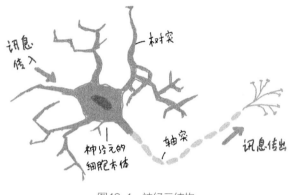

图12-1　神经元结构

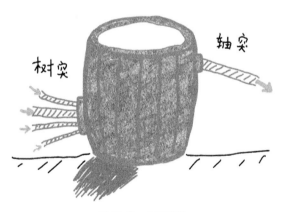

图12-2　水桶模型

比如，当人看到一只狗时，狗身上反射来的光线，经过角膜、房水，由瞳孔进入眼球内部。再经过晶状体和玻璃体的折射作用，在视网膜上形成物像。物像刺激了视网膜上的神经元（感光细胞），这些神经元产生的神经冲动，沿着视神经一层层地传递，最终到达大脑皮层的视觉中枢，就形成视觉，人们知道看到了一只狗。

所以，对于整个神经系统来说，神经信号的传递是通过神经元一层一层传递的。神经网络模拟的就是这个极度简化的生理过程。

对于一个神经元来说，它会有输入、输入权重、阈值、输出这些要素。

12.1.1　M-P神经元模型

早在 1943 年，生理学家沃伦·麦克洛克（McCulloch）和数学家沃尔特·皮茨（Pitts）就提出了 M-P 神经元模型，M、P 是两位科学家名字的首字母。M-P 的数学模型如图 12-3 所示：

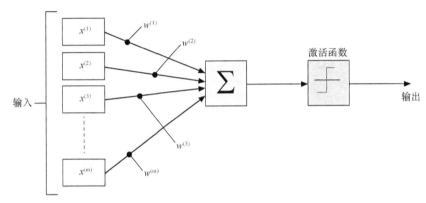

图12-3　神经元模型

在这个模型中，神经元接收来自其他 m 个神经元传递过来的输入信号 $x^{(1)}$、$x^{(2)}$、$\cdots$、$x^{(m)}$。这些输入信号被按照各自的权重 $w^{(1)}$、$w^{(2)}$、$\cdots$、$w^{(m)}$ 叠加起来，然后通过激活函数（activation function）向外输出。用数学公式表示，就是：

$$y = f\left(\sum_{i=1}^{m} w^{(i)} x^{(i)} + b\right)$$

虽然 M-P 模型历史很古老，但是当今的深度学习仍旧延用这个模型，只是在最后的激活函数发生了很多变化。比如早期用的是 sigmoid 函数，现在流行的是 ReLU 函数，至于为什么要在激活函数上"较劲"，这就和神经网络采用的 BP 学习算法有关了。

12.1.2　前馈神经网络

单个神经元是一个非常简单的模型，功能也弱。但是当许多的神经元有组织地形成网络时就不得了了。神经网络胜在系统的复杂度，通过调整大量"简单单元"之间相互连接的关系，从而达到自学习和自适应的能力。

最经典的神经网络是前馈神经网络，它是最基本的多层网络。它有以下特点：

- 上一层的神经元和下一层的每个神经元都有连接；

- 不能跨层连接；
- 同一层的神经元也不互相连接。

前馈神经网络如图 12-4 所示。

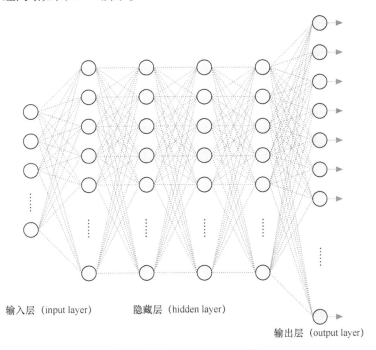

输入层（input layer）　　隐藏层（hidden layer）

输出层（output layer）

图12-4　典型的前馈神经网络

最左侧的是输入层，最右侧的是输出层，二者之间的统称为隐藏层。隐藏层可以有零到多个，通常如果超过两个隐藏层就可以认为是深层神经网络了（DNN）。

12.2　卷积神经网络

神经网络在图像识别上的成功是本轮深度学习兴起的引爆点，也是当前深度学习最成功的应用领域。它采用的是一种叫作卷积神经网络（CNN）的网络结构。传统的神经网络（DNN）也可以做图像识别，为什么还要发明一个 CNN 出来呢？主要原因在于：DNN 中的参数太多，参数多就容易发生过拟合。

为什么说 DNN 的参数多呢？不妨来算笔账。假设现在有很多猫狗图，且图片的大小是 1000px × 1000px，先不考虑彩色。如果用 DNN，假设接入一个 100 个神经元的隐藏层，再输出到一个有 10 个神经元的输出层，那么，其需要学习的参数有：

$$(1\,000\,000 + 1) \times 100 + (100 + 1) \times 10 = 100\,001\,110$$

就这样一个只有一个隐藏层的神经网络就有一亿多个参数需要学习，这还不是高清无码全彩图，还不是深层网络。这么多参数使神经网络非常容易出现过拟合，而机器学习最大的敌人就是过拟合！

所以，用 DNN 虽然能做图像识别，但是效果不会太好，过拟合会非常明显。

于是人们想出了 CNN。CNN 通过参数共享和局部感受野两个假设大大减少了要学习的参数数量，再加上一些其他的手段，从而可以在图像识别领域"独领风骚"。

12.2.1　CNN 的典型结构示意

图 12-5 所示的是一个最早期的 CNN 神经网络 LeNet 的结构示意图，看起来和前面的 DNN 网络很不一样。比如，DNN 网络每层的神经元是按照一维排列的，也就是排成一条线；而卷积神经网络每层的神经元是按照三维排列的，也就是排成一个长方体，有宽度、高度和深度。

对于图 12-5 所示的神经网络，可以看到输入层的宽度和高度对应于输入图像的宽度和高度 32 × 32。如果是灰度图像，深度为 1，如果是彩色图片深度就是 3。

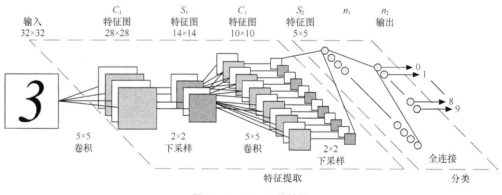

图 12-5　CNN 网络结构

其次，DNN 网络的各层结构都是一样的，但是 CNN 在结构上发生了一些变化，出现了 4 种不同的层。

- 卷积层：提取图像高级特征。
- ReLU 层：引入非线性。
- 池化层：降低数据维度，保证特征的尺度稳定。
- 全连接层：用来做预测的分类器。

12.2.2 卷积层

卷积层的主要目的是从输入图像中提取特征。这一层会有"卷积核"，卷积核扫过图像得到的结果叫作"特征图"。 第一个卷积层包含 4 个卷积核，对一幅图像进行卷积操作得到了 4 个特征图。

一个卷积层有多少个核是可以自由设定的。也就是说，卷积层的核个数是一个超参数。我们可以把特征图看作通过卷积变换提取到的图像特征，4 个卷积核就对原始图像提取出 4 组不同的特征，也称作 4 个通道 (channel)。

比如，第二个卷积层有 12 个卷积核。每个卷积核都把前面的 4 个特征图卷积在一起，得到一个新的特征图。这样，12 个卷积核就得到了 12 个特征图。

特征图的大小由下面 3 个参数控制，需要在卷积前确定它们。

- 深度（depth）：深度对应的是卷积操作所需的卷积核个数。在图 12-6 中，使用了 1 个卷积核对原始图像进行卷积操作，这样就生成了 1 个特征图。你可以把这个特征图看作堆叠的 2d 矩阵，那么，特征图的"深度"就是 1。

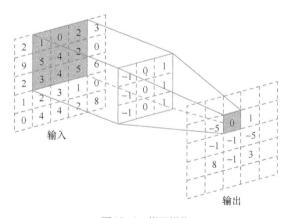

图12-6   卷积操作

- 步长（stride）：步长是我们在图像上滑动卷积核的像素数。当步长为 1 时，每次滑动一个像素；当步长为 2 时，每次滑动卷积核时会跳过 2 个像素。步长越大，我们将会得到越小的特征图。
- 零填充（zero-padding）：有时在输入矩阵的边缘使用零进行填充，这样就可以对输入图像的边缘进行卷积。零填充的一大好处是可以控制特征图的大小。使用零填充的也叫作泛卷积，不使用零填充的叫作严格卷积。

局部连接：在处理图像这样的高维度输入时，让每个神经元都与前一层中的所有神经元进行全连接是不现实的。相反，可以让每个神经元只与输入数据的一个局部区域连接。该连接的空间大小叫作神经元的感受野（receptive field），它的尺寸是一个超参数（就是卷积核的空间尺寸）。

12.2.3　ReLU 层

卷积操作后我们会使用一个叫作 ReLU 的激活函数。ReLU 是修正线性单元（Rectified Linear Unit）的缩写，是一个非线性操作。其函数形式为：

$$output = max(0, input)$$

函数图像如图 12-7 所示。

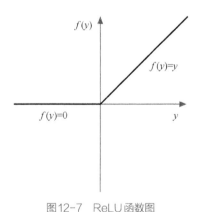

图12-7　ReLU 函数图

ReLU 是一个像素级别的操作，它把特征图中的所有小于 0 的像素值设置为零。

早期人们尝试过用其他非线性函数，比如 tanh 或 sigmoid 函数。现在普遍采用的是 ReLU 函数，因为 ReLU 在大部分情况下表现更好。

12.2.4　池化层

池化层也叫作下采样层，其目的是降低特征图的维度，但依旧保持大部分重要的信息。池化有几种方式：最大化、平均化、加和。

对于常用的最大池化（max pooling），其做法是定义一个空间邻域（比如，2×2 的窗口），并从窗口内的修正特征图中取出最大的元素。

除了取最大元素外，也可以取平均（average pooling），或者对窗口内的元素求和。在实际中，最大池化被证明效果更好一些。

到目前为止我们了解了卷积、ReLU 和池化是如何操作的。这些层一起使用就可以从图像中提取有用特征，并在网络中引入非线性，减少特征维度，同时保持这些特征具有尺度不变性。这些层是构建任意 CNN 的基础。

12.2.5　全连接层

LeNet 的后面是全连接层，输出层使用的是 softmax 激活函数。

卷积和池化层的输出结果可以看作输入图像的高级特征。全连接层的目的是使用这些特征对图像进行分类。

第一个全连接层的任务是学习特征的非线性组合。从卷积和池化层得到的大多数特征可能对分类任务有效，并且这些特征的组合可能会更好。所以，全连接层前面的部分都可以看作在做特征组合，而最后的全连接层是用来做分类的。

12.3　BP算法

前面介绍的两类神经网络 CNN 和 DNN，以及其他网络的学习算法是统一的，都是反向传播（Back Propagation，BP）算法。

BP 学习算法是神经网络中最核心的要素，我们可以将其类比为人的学习过程。比如教小孩子什么是苹果，先告诉他这几个是苹果，他自己会总结出圆形的、红色的、味道酸甜等一些特征。

下次给他一个橘子时，他如果还认为是苹果，就告诉他这是错的。他会根据橘子和苹果的差异，修正他关于苹果的认知。这样反复几次后，他就会掌握苹果这个概念。

神经网络的 BP 学习算法和上面小孩子的学习有些相似。学习的目的是获得网络连接的正确权值。它将网络输出和正确的函数值进行比较，根据两者的差异修改权值。再将修改后得到的网络输出和正确值比较，再根据差异修改，这样多次重复，逐渐缩小两者的差异。

所以，神经网络的学习过程包含信号的前向传递和误差反向传递两个过程。如图 12-8 所示，两个过程迭代进行，直到输出和正确值一样为止。

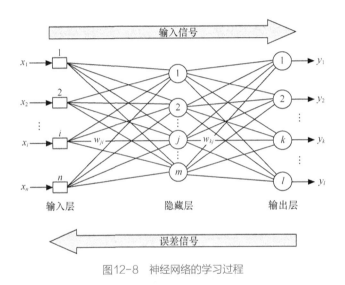

图12-8　神经网络的学习过程

无论是信号的前向传导还是误差的反向传递，从计算角度看都是矩阵运算。之前神经网络之所以被边缘化，就是因为硬件计算能力不足。直到人们把 GPU 用在神经网络上时神经网络才有了价值。

12.4　盘点著名的 CNN 架构

卷积神经网络从 20 世纪 90 年代初期开始出现。图 12-5 展示的就是最早出现的 LeNet 。到目前对工业影响较大、同时也是历年 ILSVRC 竞赛佼佼者的有 4 个模型：AlexNet、VGG、GoogLeNet、ResNet。从 2012 年开始，ILSVRC 已经完全被深度学习霸屏。如图 12-9 所示，传统的机器学习如 SVM 再无往日辉煌。

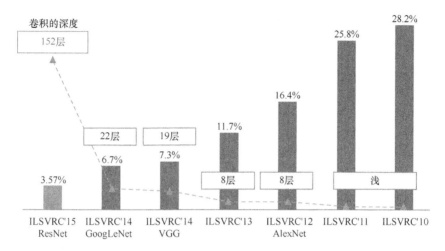

图12-9　ILSVRC 历年前 5 名的平均错误率

- LeNet（1990 年）：前面已介绍。
- AlexNet（2012 年）：2012 年 Alex Krizhevsky 发布的 AlexNet 是比 LeNet 更深、更宽的版本，并在当年的 ILSVRC 大赛中以巨大优势获胜。相较传统机器学习方法（SVM）有了巨大的突破，当前 CNN 大范围的应用也是受益于这个工作。
- GoogLeNet（2014 年）：2014 年的获胜者，来自于 Google。它的主要贡献在于发明了 Inception 模块，可以大量减少网络的参数数量。
- VGGNet（2014 年）：在 2014 年的领先者中还有一个 VGG 网络。它的主要贡献是展示了网络的深度（层数）对于性能具有很大的影响，目前有 VGG16 和 VGG19 两个版本。
- ResNet（2015 年）：残差网络是何凯明开发的，并赢得 2015 年的冠军。ResNet 是当前卷积神经网络中最好的模型，也是实践中使用 CNN 的默认选择。

背景介绍：本轮 AI 大爆炸的引爆点

很多人是通过 2016 年的阿尔法狗与李世石的人机大战知道人工智能的，其实对于工业界来说，2012 年 AlexNet 在 ILSVRC 大赛中的成功才是这一轮人工智能大爆炸真正的引爆点。

不熟悉这段公案的读者可以简单地认为 ILSVRC 就是让计算机识别图像中有猫还是有狗的比赛，也就是所谓的猫狗识别问题。当然实际比赛中需要识别的物体类别多达 1000 种，而不仅仅是小猫小狗。2012 年的 AlexNet（一种卷积神经网络）将物体分类的精确度大幅提升了 10.8%，碾压了传统的机器学习方法，吹响了本轮深度学习的号角。

提到这个竞赛就不得不提华裔 AI "女神"李飞飞，正是因为她构建了 ImageNet 数据集，ILSVRC 才得以诞生。这也让业界重新评估了算法和数据之间的权重关系，感兴趣的读者可以自己查找女神的传奇。

有关 ImageNet 竞赛的历次冠军算法后面还会做一些介绍。

第13章

深度学习的硬件和软件

深度学习是现在大热的领域，也让大家看到了 GPU 的能量。提到 GPU，就不得不提英伟达（NVIDIA）公司。作为一家成立于 1993 年的芯片公司，NVIDIA 之前对于大多数人来说都是很陌生的，大概只有高端游戏玩家才知道计算机上有块叫作 NVIDIA 的高端显卡芯片。

所以，尽管 NVIDIA 很早就已经存在，但真正风生水起进入投资者视野是从深度学习兴起。早在 2015 年 7 月，英伟达的股价还只有 20 美元，今天它的股价突破了 165 美元，实现了 8 倍涨幅。

目前来说，在 GPU 领域基本是 NVIDIA 一家独大，尽管 Intel、AMD 在这方面已经发力，但短期内仍进展缓慢。因为做深度学习不仅需要一个高效的硬件芯片，还需要有基于该芯片的编程框架。而 NVIDIA 早在 10 年前就出资开发 CUDA，五年前投资深度学习，足见视野高远。所以就目前而言，但凡用 GPU 做深度学习、AI 运算的几乎只有 NVIDIA 一家选择了。

13.1 为什么是GPU

为什么做深度学习需要 GPU，CPU 有什么不足呢？不妨看看图 13-1。

这个表格列举了 4 种典型的 CPU、GPU，第二列是芯片上计算核心 Core 的数量，第三列是每个 Core 的工作频率，第四列是卡上配置的内存，最后一列是价格。

可以看到 GPU 和 CPU 最大的区别就在于它们拥有的 Core 的数量。虽然 GPU 的每个 Core 的工作频率要比 CPU 差，但是 Core 的数量却是 CPU 的几百倍。从并行能力上 GPU

要远胜于 CPU，而 CPU 更适合串行计算。另外我们也知道，作为最初用于图像处理的 GPU 卡天生就是被设计用来处理矩阵运算的，所以 GPU 比 CPU 更适合分布式的矩阵运算。

	#内核	速度	内存	价格
CPU (Intel Core i7-7700k)	4	4.4 GHz	共享系统内存	$339
CPU (Intel Core i7-6950X)	10	3.5 GHz	共享系统内存	$1723
GPU (NVIDIA Titan Xp)	3840	1.6 GHz	12 GB GDDR5X	$1200
GPU (NVIDIA GTX 1070)	1920	1.68 GHz	8 GB GDDR5	$399

图13-1　GPU vs. CPU

13.1.1　GPU 和矩阵运算

考虑图 13-2 所示的典型的矩阵乘法运算。根据矩阵乘法的计算规则，右侧结果矩阵中的每一个点等于第一个矩阵中的每一行和第二个矩阵中的每一列的点积。

从并行的角度来看，右边矩阵中的每个点的计算是相互独立的，彼此没有依赖关系。所以矩阵乘法运算完全可以并行化的。想象一下，只要拥有足够多的 Core，完全可以为右边矩阵中每个点的计算分配一个 Core，一次性并行地完成整个矩阵乘法运算，而这在 CPU 上显然是不可能的。所以对于矩阵乘法运算，GPU 要比 CPU 快得多。

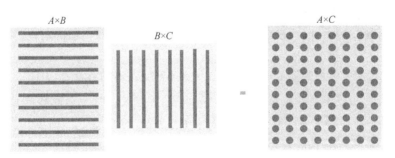

图13-2　矩阵乘法运算

　　由于深度学习中的计算主要是大规模的矩阵乘法运算，所以 GPU 天生就要比 CPU 更适合深度学习。

　　图 13-3 所示的是几种典型的卷积神经网络在 CPU、GPU 上的运行时间对比，可以看到即使是服务器级别的 CPU 也要比 GPU 落后近 2 个数量级。

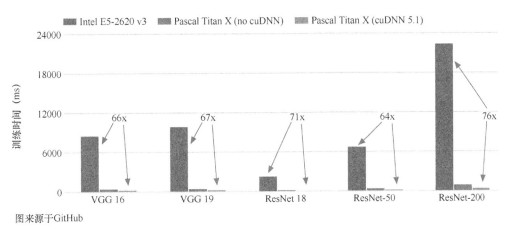

图来源于GitHub

图13-3　GPU和CPU的运行时间对比

13.1.2　CUDA

　　学过计算机体系结构的读者都知道，Python 或者 Java 都叫作高级语言，这些语言代码最终要转化成 C 乃至汇编代码才能交给硬件执行。为了能够使用 GPU，需要有专门的 GPU 底层驱动库。早在 10 年前，NVIDIA 就开发出 CUDA，并在 CUDA 基础上提供了 cuDNN、cnBLAS 等高级的 API 库，如图 13-4 所示。经过 10 年的发展 CUDA 已经相当成熟稳定并广泛被用户接受。Intel、AMD 虽然也开始在 GPU 发力，但是在这个环节还是不能和 NVIDIA 抗衡的。

　　图 13-5 对比了使用 CUDA 和没有使用 CUDA 的运行时间，CUDA 能为深度学习带来 3 倍左右的速度提升。

　　即便有了 NVIDIA 的 cuDNN 和 cnBLAS 这些相对高级的 API 接口，一般的数据人员直接用它们开发就像用 C 语言去写 Web 程序一样，效率低下。会把大量的时间花费在数据之外，所以就有了 TensorFlow、PyTorch 这样的更高级的框架出现，它让数据人员不用再关心内存申请、释放等非数据处理环节，而把精力放在建模上。

DL层

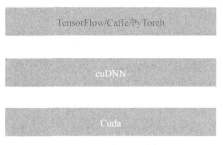

图13-4　底层驱动库

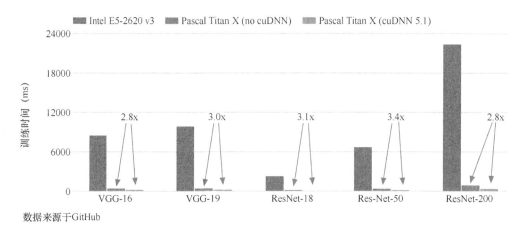

数据来源于GitHub

图13-5　CUDA vs. 非CUDA

13.2　深度学习框架

　　做一个简单的比喻，一套深度学习框架就像是图 13-6 所示的乐高积木，你可以自己设计如何用积木去堆砌符合你的深度学习网络。不必重复造轮子，积木块都是现成的，拿来直接组装就好了，不同的组装方式就能得到不同的模型。

图13-6   深度学习就是搭积木

13.2.1 框架的意义

神经网络的计算结构可以用一个计算图抽象，里面涉及的代码包括前向传播和误差反向传播。比如，图 13-7 所示的就是一个简单的计算图。

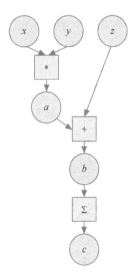

图13-7   计算图

它代表的数学计算包括两部分，其中正向传播是下面的计算：

$$\begin{cases} a = x * y \\ b = a + z \\ c = \sum b \end{cases}$$

反向传播的计算公式如下：

$$\begin{cases} \dfrac{\partial c}{\partial x} = \dfrac{\partial c}{\partial b}\dfrac{\partial b}{\partial a}\dfrac{\partial a}{\partial x} \\[2mm] \dfrac{\partial c}{\partial y} = \dfrac{\partial c}{\partial b}\dfrac{\partial b}{\partial a}\dfrac{\partial a}{\partial y} \\[2mm] \dfrac{\partial c}{\partial z} = \dfrac{\partial c}{\partial b}\dfrac{\partial b}{\partial z} \end{cases}$$

在神经网络的计算过程中最重要也是最难的部分就是链式求导。如果没有框架的辅助，我们必须先在纸上把反向传播中的导数公式推导出来，然后才能落实到代码，这对很多人来说都会是一个难以逾越的鸿沟。

所以对于一个深度学习框架来说，我们希望它首先能够提供自动求导的能力，这能帮我们省掉一半的工作。其次，我们希望框架能够天生支持大规模的弹性的计算图模型。最后，我们自然希望框架能够很容易地在 GPU 上运行，而且要能够使用 cuDNN、cuBLAS 这样的专用 API。

13.2.2　各种框架盘点

在深度学习领域，有很多现成的框架可以使用，其中最深入人心的莫过于 Google 出品的 TensorFlow 了。图 13–8 是 2017 年度最受关注的深度学习框架排名。

另外一个值得关注的框架是 Facebook 的 PyTorch。这个框架比较受学院派青睐，目前很多大学会使用 PyTorch。它的优点是写出的代码更像是 Python，其次，对动态图的支持要比 TensorFlow 好。而工业界用 TensorFlow 很多，因为 TensorFlow 很容易实现并行分布式 GPU 计算。

除了这两个之外，还有一些稍显古老的框架，比如 Theano 系列、Facebook 的 Caffe 系列。另外还有其他一些厂商的用于对抗 Google 但目前尚未形成足够规模的框架，比如 Amazon 的 MXNet、MicroSoft 的 CNTK、百度的 PaddlePaddle。

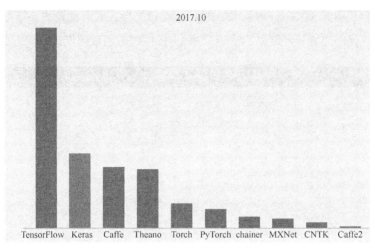

图13-8　深度学习框架排行

13.2.3　什么是Keras

Keras 并不是深度学习的框架，它是开发者和深度学习框架之间的一个"二传手"。其功能有点类似于 Java 语言的"编写一次、到处运行"，它希望为众多的框架提供统一的 API，开发者不需要关心每个框架的具体细节，Keras 会将具体细节翻译成每个框架具体的 API 调用。所以 Keras 本身没有提供任何深度学习的功能，它只是一个翻译。由于 Keras 关注的是通用性，所以在定制能力上会打折扣，并且在前后端的版本适配上也会经常遇到些莫名其妙的坑。

为了让读者对这两种产品有更清晰的对比，我们来看下面两段代码（读者先不用关心代码含义，后面章节会有专门解释）。这两段代码做的是一件事，都是针对图 13-9 所示的这份数据集建立一个最简单的线性回归模型。

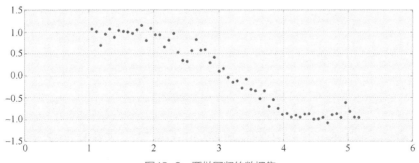

图13-9　要做回归的数据集

下面这段代码是用Keras建模，其中第 1～2 行是导入必需的模块，第 4 行、第 5 行、第 9 行这 3 行代码完成神经网络的搭建，第 11 行代码是用数据训练网络参数。

Keras 建模

```
1   from keras. models import Sequential
2   from kersa. layers import Dense
3
4   model = Sequential()
5   model. add(Dense(units=1,
6                    Kernel_initializer="uniform",
7                    activation+"linear",
8                    input_dim=1))
9   model. compile(loss='mse',optimizer='sgd')
10
11  model.fit(X_train, Y_train, epochs=50, verbose=1)
12  weights = model.layers[0].get_weights()
13  w_init = weights[0][0][0]
14  b_init = weights[1][0]
15
16  Y_pred = model.predict(xs)
```

Keras 学习到的是图 13-10 中的这条直线。

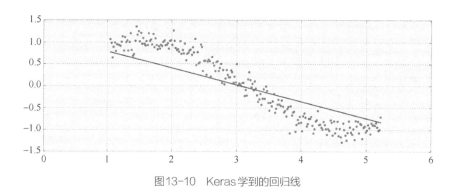

图13-10　Keras学到的回归线

尽管读者目前还不了解这些代码的功能，但从代码量上来看 Keras 似乎并不复杂。接下来看同样的功能在 TensorFlow 中该如何实现：

用 TensorFlow 实现

```
1   X = tf.placeholder(tf.float32,name ='X')
2   Y = tf.placeholder(tf.float32,name = 'Y')
3   W = ft.Variable(0.0,name='W')
4   b = ft.Variable(0.0,name='b')
5   Y_pred = X * W + b
6
7   loss = tf.squared_difference(Y,Y_pred,
8                               name='squared_loss')
9   learning_rate = 0.001
10  optimizer = tf.train.GradientDescentOptimizer(learning_rate.)\
11          minimize(olss)
12  with tf.Session() as sess:
13      sess.fun(tf.global_variables_initializer())
14      fro iter in range(50):
15          total_loss = 0.
16          for _x,_y in data.values:
17              _loss,_ = sess.run([loss,optimizer],
18                                 feed_dict ={X:_x,Y:_y})
19              total_loss = total_loss + _loss
20      writer.close()
21      # 取出w和b的值
22      w, b = sess.run([W, b])
23  print(W)
24  print(b)
```

[代码说明]

- 第 1 ~ 11 行代码是在搭建神经网络，这个神经网络的结构和前面 Keras 搭建的分毫不差，但是代码量多出了两倍。
- 第 12 ~ 20 行代码是利用数据训练神经网络参数。
- 第 22 行代码是最后训练得到的模型参数。

用 TensorFlow 学习到的回归线如图 13–11 所示。

由于本书环境中的 Keras 使用的是 TensorFlow 做后端，所以两个模型训练出来的结果应该是没有差异的。但是从代码量上来看，TensorFlow 显然要比 Keras 复杂得多，学习曲线也会更高。

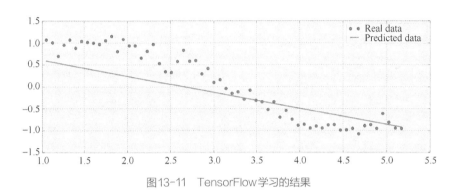

图13-11　TensorFlow学习的结果

13.3　小结

对于初学者来说，我还是推荐从 Keras 入手，它提供的 API 接口特别适合初学者入门。Keras 的设计已经屏蔽了张量、计算图等抽象的概念，它比 TensorFlow 更加地积木化。Keras 几乎已经成了 Python 神经网络的接口标准。

学完 Keras 前端框架之后，如果读者还有兴趣继续学习，就可以选择一个后端框架深耕细作。综合考虑精力财力的投入产出比，推荐读者主攻 TensorFlow。TensorFlow 是谷歌出品的，是目前工业界使用频率非常高的框架。其文档从入门到深入都非常丰富，而且有非常活跃的社区支持，基本上你遇到的坑都已经有前人踩过了，所以学习速度会比较快。而像 CNTK、MXNet、PaddlePaddle 虽然也是有大厂为其站台，但从文档丰富程度到社区支持度还远不如 TensorFlow。如果非说缺点的话，TensorFlow 相对来说性能会差一些，而且不支持动态计算图，不过对于初学者来说这些顾虑还有些遥远。

第 **14** 章

TensorFlow 入门

TensorFlow 在各种操作系统上的安装都很简单，以作者所用的 Windows 7 环境为例，首先要保证 Windows 是 64 位的，另外你安装的 Anaconda 要是 64 位的 3.5 或者 3.6 版本。满足这两个前提条件就可以安装 TensorFlow 了。要注意的是 TensorFlow 分成 GPU 版本和 CPU 版本，本书使用的是 CPU 版本，如果要安装 GPU 版本，请参考官方文档。

下面的命令就可以安装 CPU 版的 TensorFlow：

```
pip install tensorflow
```

14.1 初识

很多初次接触的人会觉得 TensorFlow 很难上手，进而投奔 Keras 的怀抱，因为用后者搭建神经网络就像搭积木那么容易。为什么会有这种体验？我们可以通过一个最简单的计算 3+5=8 来说明。

打开 IPython Notebook，然后输入下面的代码。

```
1. import tensorflow as tf
2. a = tf.add(3,5)
```

这时如果打印 a，你会看到以下结果。

```
print(a)

#输出结果
Tensor("Add:0", shape=(), dtype=int32)
```

什么？竟然没有看到期望的结果 8。继续输入下面的代码：

```
3. with tf.Session() as sess:
4.    print(sess.run(a))
5.
6. #输出结果
7. 8
```

这时才看到了结果 8。

14.2　专家解读

要搞清楚上面的代码是如何运行的，我们需要先了解 TensorFlow 架构中用到的一些术语。

首先，什么是张量（tensor）？张量是深度学习中最核心的数据结构，就像在传统的机器学习中核心数据结构是矩阵和向量，深度学习中的所有运算都是基于张量的。

数学中的张量是对向量和矩阵的推广。读者可以认为张量就是一个 n 维的矩阵，如果 n 等于 0，张量就是个数字，这时张量等价于标量，所以也可以说标量是零阶张量；如果 n 等于 1，这时的张量就和向量画了等号，所以一阶张量就是向量。依次类推，二阶张量就是矩阵。图 14-1 所示的分别是一阶张量、二阶张量、三阶张量。

一阶张量　　　　二阶张量　　　　三阶张量

图14-1　张量

在神经网络模型中，所有的数据都统一抽象用张量表示。比如，我们可以将一张 RGB 彩色图片表示成一个三维的数字矩阵或者三阶张量，三个维度分别是图片的高度、宽度和颜色。

图 14-2 是一张普通的彩色图片。

图14-2　彩色自行车

彩色图片按照 RGB 三原色表示法可以拆分为三张红色、绿色和蓝色的灰度图片，如图 14-3 所示。

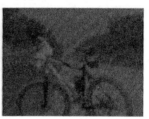

图14-3　三个颜色通道

每个灰度图片都可以看作一个二维的矩阵，于是整张图片在计算机中的存储可以看作一个三阶张量。

如果再进行扩展，一个包含了多张图片的数据集就可以用 4 阶张量表示，其中的 4 个维度分别是：图片在数据集中的编号、图片高度、宽度，以及颜色通道。甚至还可以定义如图 14-4 所示的 5 阶、6 阶张量。

把所有的数据类型都统一抽象成张量是一个非常必要且高效的策略。如果没有这一抽象，就需要为不同类型的数据定义不同类型的操作，这会大大地浪费开发者的精力。

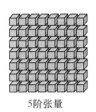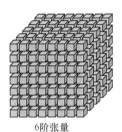

4阶张量　　　　　　　5阶张量　　　　　　　　6阶张量

图14-4　更多的张量

张量类型和我们既有的数据工具可以无缝对解，比如 NumPy 包中 imread 可以直接将图片转换成张量对象，imsave 可以直接把张量转换成图片保存。

其次，Flow 代表流动，所以 TensorFlow 顾名思义就是张量的流动，张量在流动过程中不断地计算、变化。官网上对 TensorFlow 的介绍是：一个使用数据流图 (data flow graphs) 技术来进行数值计算的开源软件库。

接下来认识一下什么是数据流图。我们可以借助 TensorFlow 提供的监控工具 TensorBoard 来观察。输入下面的代码并执行。

观察数据流图

```
1. with tf.Session() as sess:
2.     writer = tf.summary.FileWriter('./graph',sess.graph)
3.     print(sess.run(a))
4.     writer.close()
```

然后在当前目录下打开一个新的命令行窗口，输入下面命令。

```
I:\tensorflow>tensorboard --logdir=./graph --port 7001
```

执行完的结果如图 14-5 所示。

```
I:\tensorflow>tensorboard --logdir="i:/tensorflow/graph" --port 7001
2018-07-15 13:31:39.317359: I T:\src\github\tensorflow\tensorflow\core\platform\
cpu_feature_guard.cc:140] Your CPU supports instructions that this TensorFlow bi
nary was not compiled to use: AUX2
W0715 13:31:39.981397 Reloader tf_logging.py:121] Found more than one graph even
t per run, or there was a metagraph containing a graph_def, as well as one or mo
re graph events.  Overwriting the graph with the newest event.
W0715 13:31:39.983397 Reloader tf_logging.py:121] Found more than one metagraph
event per run.  Overwriting the metagraph with the newest event.
W0715 13:31:39.990397 Reloader tf_logging.py:121] Found more than one graph even
t per run, or there was a metagraph containing a graph_def, as well as one or mo
re graph events.  Overwriting the graph with the newest event.
```

图14-5　执行结果

这个命令会启动 TensorBoard 后台服务，这是一个运行在 7001 端口的 Web 服务。我们可以通过浏览器进行访问，推荐使用 Chrome 浏览器。

打开 Chrome 浏览器上，在地址栏上输入：localhost:7001，你会看到图 14-6 所示的这样一个界面。

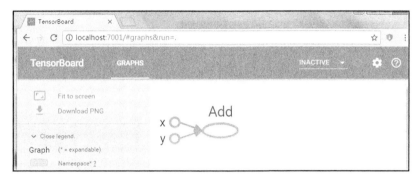

图14-6　TensorBoard的界面

14.1 节中的 3+5=8 的例子在 TensorFlow 中的计算流图如图 14-7 所示：左侧的两个节点 x、y 代表参与加法计算的元素，最右侧的节点代表加法运算。节点之间的有方向的边代表数据之间的依赖关系。如果我们想运行 Add 这个节点，x、y 两个前置节点必须要先于 Add 节点计算就绪。

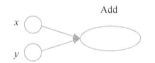

图14-7　加法运算的数据流图

数据流图也叫计算图，计算图是在 2009 年的图书 *Learning Deep Architectures for AI* 首次被引入到人工智能领域。计算图中每个节点都称为一个 op（operation），每个 op 获得 0 个或者多个张量，经过运算后得到 0 个或者多个张量（tensor）。

有了对数据流图的感性认识后，再回头看之前的代码。

```
a = tf.add(3,5)
```

这一行代码在 TensorFlow 中并不是计算 3+5 的意思，而是建立了一个加法运算的数据流图。在 TensorFlow 中，所有的数据计算都统一用数据流图来表示。

而接下来的代码：print(a) 所实现的并不是数字 8，而是一个张量（Tensor）节点也就好理解了。

再看最后两行代码：

```
1. with tf.Session() as sess:
2.    print(sess.run(a))
```

这两行代码的作用是让数据流图运行起来。我们先打开一个会话，然后通过其 run 方法让数据流图中某个节点运行并得到结果。该节点所依赖的节点自然会被递归地运行，最后得到我们期望的结果。

所以在 TensorFlow 中开发需要两个步骤，首先创建计算图，其次创建会话执行计算图。计算是延迟执行的、是按需执行的，不是整个计算图都执行，只有结果节点依赖的子图才会被执行。

TensorFlow 的这种数据处理思想在很多成熟产品中都能见到，比如著名的大数据计算引擎 Spark 其实就采用了这种思想。这种思想的好处很多：

- 对分布式运算非常友好，每个节点的计算工作可以分给多个 GPU、多个 CPU 或者多个设备运行；
- 节省计算资源，提高计算效率，由于节点之间有依赖关系，所以需要结果时只需要计算依赖的子图就可以了；
- 把整个运算分解成多个子环节，方便自动求导；
- 很多机器学习的计算逻辑本身非常适合用计算图组织。

接下来用 TensorFlow 完成一个线性回归模型，并熟悉更多的 TensorFlow 概念。

14.3　代码实战：线性回归

首先，准备一份数据，这份数据在之前的线性回归模型也用到过，我们可以这样生成测试数据。

生成测试数据

```
1. xs = np.array([i*np.pi/180 for i in range(60,300,4)])
```

```
2. np.random.seed(10)
3. ys = np.sin(xs) + np.random.normal(0,0.15,len(xs))
4. data = pd.DataFrame(np.column_stack([xs,ys]),columns=['x','y'])
5. plt.scatter(data['x'],data['y'],s=30,color=colors[1])
```

这个数据集如图 14-8 所示。

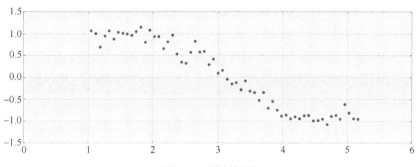

图14-8　测试数据集

因为线性模型是 $Y=WX+b$，所以我们要为模型中的每个元素都准备一个 TensorFlow 的替身，看下面的代码。

X、Y 是训练数据集，是已知的数据。TensorFlow 中用 placeholder 表示这样的元素。

```
6. X = tf.placeholder(tf.float32,name ='X')
7. Y = tf.placeholder(tf.float32,name = 'Y')
```

模型中的参数 W、b 是要学习的对象，是不断更新的对象。这种元素在 TensorFlow 用 Variable 来表示。

```
8. W = tf.Variable(0.0,name='W')
9. b = tf.Variable(0.0,name='b')
```

然后需要告诉 TensorFlow，该如何计算预测值：

```
10.Y_pred = X * W + b
```

还要告诉 TensorFlow，应该如何计算损失函数。由于这是个回归问题，所以直接使用均方误差就可以了。TensorFlow 已经提供了现成的方法：

```
11.loss = tf.squared_difference(Y,Y_pred,name='squared_loss')
```

最后还要告诉 TensorFlow，模型训练要使用哪种优化器以及优化器需要的参数。因为线性回归问题的损失函数是凸函数，所以就用经典的梯度下降优化器就可以了。而DNN、CNN 这样的神经网络由于存在非凸优化问题，所以不能使用这种优化器。

梯度下降优化器还要配置学习速率，不妨就用 0.001 作为学习率。

```
12.learning_rate = 0.001
13.optimizer = tf.train.GradientDescentOptimizer(learning_rate).minimize(loss)
```

至此，我们才算完成了模型的搭建，接下来就是启动训练过程。

模型训练

```
14.n_samples=xs.shape[0]
15.with tf.Session() as sess:
16.    sess.run(tf.global_variables_initializer())
17.    for iter in range(50):
18.        total_loss = 0.
19.        for _x,_y in data.values:
20.            _loss,_ = sess.run([loss,optimizer],
21.                               feed_dict ={X:_x,Y:_y})
22.            total_loss = total_loss + _loss
23.        print('Epoch {0}: {1}'.format(iter, total_loss/n_samples))
24.
25.    # 取出W和b的值
26.    W, b = sess.run([W, b])
```

[代码说明]

- 第 15 行代码：开启了计算会话。
- 第 16 行代码：对前面定义的变量进行初始化。
- 第 17 ~ 22 行代码：一共进行了 50 轮迭代学习。
- 第 19 ~ 21 行代码：依次从训练数据集中取出一条记录进行学习，通过 run 的 feed_dict 参数提交这条记录，学习过程包括计算损失函数值和根据损失函数对参数进行更新。
- 第 22 行代码：把每个记录的损失值累加到总损失上。
- 第 23 行代码：在每一轮学习结束后，打印本轮学习的平均误差。

- 第 26 行代码：学习结束后获得学习结果 W、b。

在模型训练过程中，我们会看到图 14-9 所示的输出。随着迭代的进行，模型的误差逐渐下降，因此学习是有效的：

```
Epoch 0: 0.5119215019202481
Epoch 1: 0.5232545101782307
Epoch 2: 0.5250919563870411
Epoch 3: 0.5158641045777282
Epoch 4: 0.50390980921777786
Epoch 5: 0.49158627959692847
Epoch 6: 0.47944783348051107
Epoch 7: 0.46761424467780066
Epoch 8: 0.45610553980174395
Epoch 9: 0.4449189558348735
Epoch 10: 0.4340470327020739
Epoch 11: 0.42348111310517805
Epoch 12: 0.4132126034664301
Epoch 13: 0.4032330110543019
Epoch 14: 0.39353434800577813
Epoch 15: 0.38410865165787983
```

图 14-9　训练过程的输出

等学习全部结束后，可以看看拟合效果。

```
27.plt.plot(xs, ys, 'bo',c=colors[0], label='Real data')
28.plt.plot(xs, xs * W + b, 'r', c=colors[4],label='Predicted data')
29.plt.legend()
30.plt.show()
```

拟合的结果如图 14-10 所示。

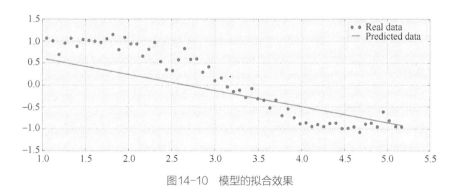

图 14-10　模型的拟合效果

我们在上面这个例子中完成了一个最简单的线性回归问题，并体会了 TensorFlow 使用的一般流程。对比本节的例子和 14.1 节的加法运算例子，会发现 TensorFlow 的使用完全是围绕着数据流图展开的。也就是说我们需要先在脑中想好图的样子，然后再用 TensorFlow 的元素和语法把整个图描述出来，包括各个节点的定义、节点之间的关系，最后再把预测函数、损失函数以及优化器定义清楚，这就完成了计算图的定义。

14.4　小结

这一章用两个简单的例子演示了 TensorFlow 的使用方式，其实 TensorFlow 使用是有固定套路的，其窍门就是适应计算图的描述方式。但是由于 TensorFlow 过于强调灵活性，它带来的不便就是所有的元素都要定义，所以学习曲线也水涨船高。

第 15 章

Keras 入门必读

Keras 由来

Keras 的命名来自古希腊语 "κέρας（牛角）" 或 "κραίνω（实现）"，寓意将梦境化为现实的 "牛角之门"。

古希腊诗人荷马在《奥德赛》中说，冥界的出口有两扇门，牛角之门与象牙之门。象牙之门通往虚幻，牛角之门通往真实。

《百度百科》

Keras 是一个基于 Python 的高度抽象的深度学习建模框架，以 TensorFlow、CNTK 或者 Theano 为计算后台，它本身不提供计算。你可以把它想象成一个翻译，它能够把你用 Python 描述的深度学习模型翻译成后台所能理解的东西。

Keras 是一个已经高度模块化的产品，对于新手来说，Keras 最大的好处就是代码非常精简。和 TensorFlow 比起来，Keras 的代码至少精简一个数量级。

Keras 强调的是快速建模，这一点特别符合工业界的口味。工程上需要快速看到产品，即使刚开始很粗糙，但是要能快速产出原型。

另外，我们在工程上尤其是做图像处理时，使用的大部分结构都是常见的网络结构，大部分时间做的都是迁移学习。而 Keras 内置了 VGG16、VGG19、ResNet50、mobileNet、Inception_v3、Inception_ResNet_v2 等成熟的模型。对于纯做应用的同学来说，可以从中抓取一个现成的框架，将其套在自己的业务场景下。你所需要做的就是在上面加几个全连接层、正则化层，然后用你的数据对着最后几层进行训练，基本上可以很快地实现一个能够运行的成果，所以 Keras 特别适合做快速建模。

15.1　代码实战1：用Keras做线性回归模型

用 Keras 是一个深度学习工具，但它也可以做线性回归这样的简单任务，虽然说有点"用高射炮打蚊子"的嫌疑，但不妨先用一个简单任务体会 Keras 中的一些概念。下面来做一个线性回归任务。

我们还是使用 14.3 节中的那份数据集（见图 15-1）。

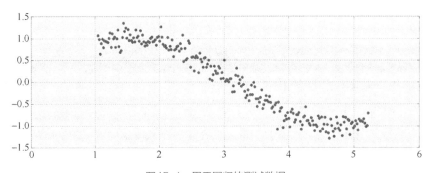

图15-1　用于回归的测试数据

接下来就开始用 Keras 搭建网络模型。

搭建神经网络

```
1. from keras.models import Sequential
2. from keras.layers import Dense
3.
4. model = Sequential()
5. model.add(Dense(units=1,
6.           kernel_initializer='uniform',
7.           activation='linear',
8.           input_dim=1))
```

［代码说明］

- 第 4 行代码：创建序列模型实例。
- 第 5 行代码：向模型中添加一个全连接层，Keras 中用 Dense 表示全连接层。

- 第 5 行代码：全连接层中有一个神经元 units=1。
- 第 6 行代码：参数用均匀分布方式初始化。
- 第 7 行代码：激活函数使用线性函数。
- 第 8 行代码：输入层神经元数量为 1。

可以用 summary 方法观察模型的样子。

```
9. model.summary()
```

会看到如下的输出。

```
Layer (type)                 Output Shape              Param #
=================================================================
dense_1 (Dense)              (None, 1)                 2
=================================================================
Total params: 2
Trainable params: 2
Non-trainable params: 0
```

输出结果显示整个模型有两个参数需要学习。

接下来编译模型。

```
10.model.compile(loss='mse',optimizer='sgd')
```

然后就可以输入数据，对模型进行训练：

```
11.model.fit(X_train, Y_train,epochs=50, verbose=1)
```

这里一共进行了 50 轮的学习，每一轮学习结束后 Keras 都会把学习结果打印出来，因此会看到图 15–2 所示的输出。注意：每行最后一项的 loss 就是我们定义的 MSE 损失函数的值。

可以看到随着轮次的增加，loss 在逐渐减小。

模型训练结束后，观察模型得到的拟合线。

观察神经网络得到的拟合线

```
1. Y_pred = model.predict(xs)
2. plt.scatter(xs,ys,color=colors[0])
3. plt.plot(xs,Y_pred,color=colors[1])
```

```
4. plt.show()
5. weights = model.layers[0].get_weights()
6. w_init = weights[0][0][0]
7. b_init = weights[1][0]
8. print('Linear regression model is trained with weights w: %.2f, b: %.2f'
   % (w_init, b_init))
```

```
Epoch 1/50
200/200 [==============================] - 0s 80us/step - loss: 0.4949
Epoch 2/50
200/200 [==============================] - 0s 60us/step - loss: 0.4791
Epoch 3/50
200/200 [==============================] - 0s 65us/step - loss: 0.4669
Epoch 4/50
200/200 [==============================] - 0s 45us/step - loss: 0.4543
Epoch 5/50
200/200 [==============================] - 0s 50us/step - loss: 0.4421
Epoch 6/50
200/200 [==============================] - 0s 45us/step - loss: 0.4302
Epoch 7/50
200/200 [==============================] - 0s 65us/step - loss: 0.4225
Epoch 8/50
200/200 [==============================] - 0s 45us/step - loss: 0.4100
Epoch 9/50
200/200 [==============================] - 0s 40us/step - loss: 0.3987
Epoch 10/50
200/200 [==============================] - 0s 60us/step - loss: 0.3910
Epoch 11/50
200/200 [==============================] - 0s 35us/step - loss: 0.3788
```

图15-2　训练过程的输出

得到的就是图 15-3 所示的回归线。

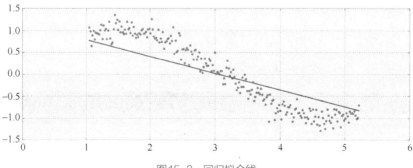

图15-3　回归拟合线

15.2　专家解读

　　Keras 把神经网络抽象成两类：序列模型和函数式模型。所谓序列模型就是上一层和下一层直接连接，层和层之间没有循环、递归、跳接等复杂拓扑结构，每一层有一组输入和输出的结构。图 15-4 所示的 BP 网络以及 CNN 都属于标准的序列模型。

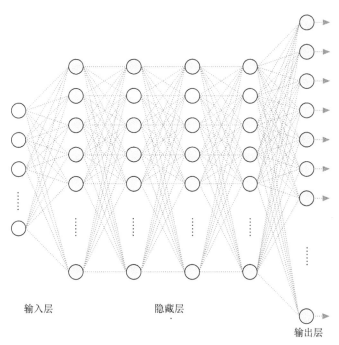

图15-4　BP神经网络是典型的序列模型

　　函数式模型通常用于任意结构的复杂网络，自然也可以用作序列模型。序列模型可以看作一种最简单的函数式模型。

　　比如著名的GoogleNet的Inception模块，它就把多个卷积层的输出合并（见图15-5），这种操作就不能用序列模型完成。

　　比如，在 ResNet 结构中有所谓的捷径（shortcut），也就是某层的输出不仅交给直连的下一层，还要交给非直连的层（见图15-6），这也是序列模型不能实现的。

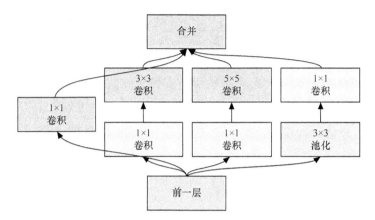

图15-5   GoogleNet 的 Inception 模块

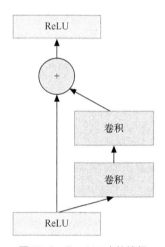

图15-6   ResNet 中的捷径

15.2.1   序列模型和函数式模型的区别

序列模型和函数式模型在 Keras 中对应着两个不同的类：Sequential 和 Model。

向序列模型中添加层就是不断地在 Sequential 的实例上调用 add 方法的过程，比如我们这个例子：

```
model.add(Dense(....))
```

上述代码就是在序列模型中添加一个全连接层，本章后面的例子都是采用这种模型。

函数式模型是更一般化的网络结构，自然也可以做序列模型。回归问题的网络用函数式模型实现具体如下。

函数式模型版的回归网络

```
1. from keras.models import Model
2. from keras.layers import Input
3.
4. inputs = Input(shape=(1,))
5. x = Dense(1)(inputs)
6. x = Activation('linear')(x)
7. model = Model(inputs=inputs, outputs=x)
```

［代码说明］

- 第1行和第7行代码：函数式模型用的是 Model 类，而序列模型用的是 Sequential 类。
- 第 5 ~ 6 行代码：对于函数式模型中的每一层，其上一层的输出作为下一层的输入。
- 第 7 行代码：函数式模型定义时只需要定义输入层和输出层。

15.2.2 激活层的简写

我们在定义全连接层的代码中用到了 activation 参数，该参数的功能是定义激活层。

```
model.add(Dense(...
              activation='linear',
              ))
```

调用 add 看起来是创建了一个层，但其实是创建了两个层，这是一种常见的简写形式。

也可以按部就班地先定义全连接层，再定义激活层，这时的代码如下。

非简写版

```
1. model = Sequential()
```

```
2. model.add(Dense(units=1,
3.             kernel_initializer='uniform',
4.             input_dim=1))
5. model.add(Activation('linear'))
```

[代码说明]

- 第2～4行代码：定义了一个全连接层。
- 第5行代码：定义了激活层。

这种写法和前面简写的效果完全一致，两种写法读者都要掌握。

15.2.3　Keras的scikit-learn接口

Keras 还提供了适合 scikit-learn 的接口，还是用之前的回归模型为例，这回的代码如下。

scikit-learn 版回归网络

```
1. from keras.models import Sequential
2. from keras.layers import Dense
3. from keras.wrappers.scikit_learn import KerasRegressor
4.
5. def create_model():
6.     # 创建模型
7.     model = Sequential()
8.     model.add(Dense(units=1,
9.                 kernel_initializer='uniform',
10.                input_dim=1,
11.                activation='linear'))
12.     model.compile(loss='mse', optimizer='sgd',
13.             metrics=['mse'])
14.
15.     return model
16.
17.# 创建模型
```

```
18.model = KerasRegressor(build_fn=create_model, epochs=50, batch_size=10,
   verbose=0)
```

[代码说明]

- 第 5 ~ 15 行代码：把之前搭建网络的代码封装成一个函数，然后返回网络模型。
- 第 18 行代码：把网络模型封装成一个 KerasRegressor 对象，这个对象和 scikit-learn 中的 estimator 具有相同的接口，于是就可以使用与 scikit-learn 相同的方式进行训练了。

比如，用 fit 方法输入数据并进行训练。

```
19.model.fit(X_train,Y_train)
```

用 predict 方法进行预测。

```
20.Y_pred = model.predict(xs)
```

Python 世界中的 scikit-learn 已经是机器学习领域的事实标准，它的设计规范也被很多后辈竞相模仿，比如 Spark 的 ML 库。新的工具库也会把提供 scikit-learn 包装器作为一个基本需求，所以 Keras 有这个功能也就不足为奇了。

15.3 代码实战 2：手写数字识别

用 Keras 做回归建模其实是"杀鸡用牛刀"，它的用途还是建立真正的神经网络。下面这个例子中将搭建一个卷积神经网络来完成经典的手写数字识别问题。这个例子中会用到著名的 MNIST 数据集。

MNIST 数据集

MNIST 是由美国国家标准与技术研究所（National Institute of Standards and Technology，NIST）提供的数据集。它是由 250 个不同人手写的数字图片组成，一共有 7 万张图片，每张图片都是 28×28 的黑白图片，如下所示。

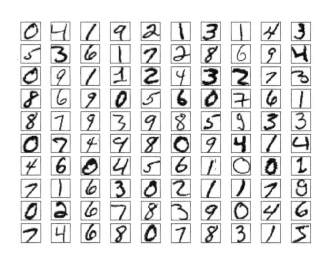

```
Four files are available on this site:

train-images-idx3-ubyte.gz:    training set images (9912422 bytes)
train-labels-idx1-ubyte.gz:    training set labels (28881 bytes)
t10k-images-idx3-ubyte.gz:     test set images (1648877 bytes)
t10k-labels-idx1-ubyte.gz:     test set labels (4542 bytes)
```

这份数据集一共有 4 个文件：训练数据集的图片和标签、测试数据集的图片和标签。

我们要做的事情就是搭建一个神经网络，让它能够识别图片中的数字。

首先，加载需要的数据集。Keras 已经集成了这份数据集，只需要调用一个方法即可，前提是网络通畅。

手写数字识别

```
1. from keras.datasets import mnist
2. (x_train,y_train),(x_test,y_test) = mnist.load_data()
```

数据集下载成功后，可以观察下这个数据集。

```
3. x_train.shape
```

用于训练的数据集一共有 6 万张图片，每张图片的大小是 28×28，接下来要对原始数据做些预处理。

手写数字数据集的预处理

```
1. img_rows,img_cols = 28,28
2.
3. x_train=x_train.reshape(x_train.shape[0],
4.                         img_rows,
5.                         img_cols,1)
6. x_test=x_test.reshape(x_test.shape[0],
7.                        img_rows,
8.                        img_cols,1)
9.
10.x_train=x_train.astype('float32')
11.x_test = x_test.astype('float32')
12.x_train=x_train/255
13.x_test = x_test/255
14.num_classes = 10
15.y_train = keras.utils.to_categorical(y_train,num_classes)
16.y_test = keras.utils.to_categorical(y_test,num_classes)
```

［代码说明］

- 第 3 ~ 8 行代码把图片数据集转化成一个四维的张量，也就是把每张图片转变成一个 $1 \times 28 \times 28 \times 1$ 的张量，这样便于后续的卷积操作。
- 第 10 ~ 13 行代码是把每个像素的值做归一化。这么做是为了保证学习能尽快收敛。
- 第 14 ~ 16 行代码是对类别标签进行处理，把类别标签变成 One-Hot 样式。

数据处理完毕后，就可以搭建一个典型的 CNN 网络模型了。

搭建 CNN 网络

```
1. from keras.models import Sequential
2. from keras.layers import Dense,Dropout,Flatten
3. from keras.layers import Conv2D,MaxPooling2D
4. input_shape = (img_rows,img_cols,1)
```

```
5. model = Sequential()
```

首先导入一些必需的模块，然后创建了一个序列模型。CNN 是典型的序列模型。接下来像搭积木一样添加各种网络层。

```
6. model.add(Conv2D(32,kernel_size=(3,3),
7.         activation = 'relu',
8.         input_shape=input_shape))
9. model.add(Conv2D(64,kernel_size=(3,3),
10.        activation='relu'))
```

在这段代码中，我们创建了两组卷积层和激活层，第一个卷积层使用了 32 个 3×3 的卷积核，第二个卷积层使用了 64 个 3×3 的卷积核。两个激活层都使用 ReLU 作为激活函数。第一个卷积层还定义了输入层神经元的数量和输入数据格式。

接下来继续添加池化层，以下代码创建了一个 2×2 的最大池化（MaxPooling）层。

```
11.model.add(MaxPooling2D(pool_size=(2,2)))
```

接下来，添加一个随机失活（Dropout）层，随机失活是深度神经网络中解决过拟合的手段。

```
12.model.add(Dropout(0.25))
```

还要添加一个扁平化（Flatten）层（将多维的输入一维化），它的目的是把一幅图片的矩阵数据拉伸成一维向量的格式。

```
13.model.add(Flatten())
```

最后，创建全连接（Dense）层。

```
14.model.add(Dense(128,activation='relu'))
15.model.add(Dropout(0.5))
16.model.add(Dense(num_classes,activation='softmax'))
```

这段代码先创建了一个全连接层。然后创建了一个随机失活层，神经网络很少使用 L1、L2 这些正则化方法解决过拟合问题，更多的是通过随机失活（Dropout）解决过拟合问题。

最后一行代码又创建了一个全连接层。这一层有 10 个神经元，使用的激活函数是

Softmax，显然这是最终的输出层。

在整个网络结构中，除了第一层的输入神经元数量和最后一层输出神经元数量是固定的之外，中间各层的网络结构、神经元数量都是可以任意定制的。

可以通过下面命令查看刚刚建立的模型。

```
17.model.summary()
```

会看到图 15-7 所示的输出。

在这个网络中，一共有 199 882 个参数需要学习，每一层的参数数量在表格的最后一列中展示。

还可以用下面的方法进行可视化。

```
18.from keras.utils.vis_utils import plot_model
19.from IPython.display import Image
20.
21.plot_model(model, to_file="model.png", show_shapes=True)
22.Image('model.png')
```

Layer (type)	Output Shape	Param #
conv2d_1 (Conv2D)	(None, 26, 26, 32)	320
conv2d_2 (Conv2D)	(None, 24, 24, 64)	18496
max_pooling2d_1 (MaxPooling2	(None, 12, 12, 64)	0
dropout_1 (Dropout)	(None, 12, 12, 64)	0
flatten_1 (Flatten)	(None, 9216)	0
dense_1 (Dense)	(None, 128)	1179776
dropout_2 (Dropout)	(None, 128)	0
dense_2 (Dense)	(None, 10)	1290

Total params: 1,199,882
Trainable params: 1,199,882
Non-trainable params: 0

图15-7　CNN网络结构

这时看到的是图 15-8 所示的结果，这个结果比上一种展示形式更直观。

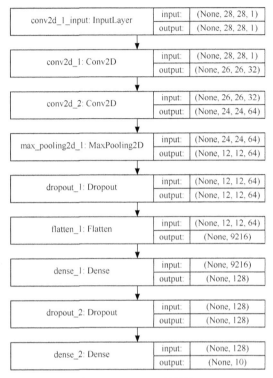

图15-8　CNN网络结构

　　模型建立完毕后，接下来就要对模型进行编译了。所谓编译就是把 Python 的描述信息翻译成后端 TensorFlow 或者 CNTK 能理解的信息。

```
23. model.compile(loss = keras.losses.categorical_crossentropy,
24.          optimizer=keras.optimizers.Adadelta(),
25.          metrics=['accuracy'])
```

　　在编译时，需要告诉后端使用哪一种损失函数，比如这里使用的是交叉熵损失函数。还要告诉后端使用哪种优化算法，这里使用的是 Adadelta 优化算法，该算法是对传统的梯度下降算法的改进，在寻找梯度上做了优化。最后还要告诉后端在训练网络结构时使用哪种评估指标。

　　接下来就要用数据来训练模型了。

```
26. model.fit(x_train,y_train,
```

```
27.         batch_size=128,
28.         epochs=2,
29.         verbose=1,
30.         validation_data=(x_test,y_test))
```

参数 batch_size 指定做梯度下降时每个数据 batch 包含的样本数量，这个例子用了 128 张图片；epochs 指定训练多少轮结束；verbose 定义是否显示日志信息；validation_data 用来提供验证的数据集。这个例子只做了两轮迭代，输出如图 15-9 所示。

```
Train on 60000 samples, validate on 10000 samples
Epoch 1/2
60000/60000 [==============================] - 182s 3ms/step - loss: 0.3393 - acc: 0.8
973 - val_loss: 0.0777 - val_acc: 0.9762
Epoch 2/2
60000/60000 [==============================] - 178s 3ms/step - loss: 0.1170 - acc: 0.9
656 - val_loss: 0.0544 - val_acc: 0.9822
```

图15-9　训练过程输出

在第一轮迭代结束时，该模型在训练数据集上的准确率达到了 0.8973，在验证数据集上的准确率达到了 0.9762。第二轮结束时，该模型在验证集上的准确率就达到了 0.9822。

模型训练结束后，我们可以评估模型效果。

```
31.score=model.evaluate(x_test,y_test,verbose=0)
32.print('Test Loss:',score[0])
33.print('Test Accuracy:',score[1])
```

结果如下，和我们在前面训练过程中看到的结果是一致的。

```
Test Loss: 0.0544063651139
Test Accuracy: 0.9822
```

最后，可以把模型用于预测。需要注意的是，预测的图片形状也要先转变成 $1 \times 28 \times 28 \times 1$ 形状的张量。

```
34.import matplotlib.pyplot as plt
35.%matplotlib inline
36.pred = model.predict(x_test[10].reshape(1,28,28,1))
37.pred = pred.argmax(axis=1)
```

接下来，把预测的结果和原始图片放在一起展示出来。这只是让预测结果更炫的加分项，但不是必需的。

```
38.plt.figure()
39.plt.imshow(x_test[10].reshape(28,28))
40.plt.text(0,-3,pred,color='black')
41.plt.show()
```

可以看到，对于图 15-10 所示的这个随机抽取的数字图像，模型把它正确地预测为 0（左上角的 [0] 就是预测结果）。

[0]

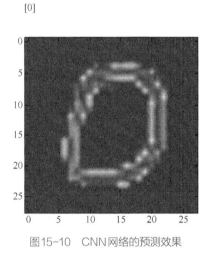

图15-10　CNN网络的预测效果

最后，我们可以把模型保存起来，以后需要时重新加载回来即可，不需要重新训练了。

```
42.model.save('model.h5')
43.model = keras.model.load_model('model.h5')
```

至此，我们就从无到有地搭建并训练了一个能够识别手写数字的 CNN 网络。这个网络比之前的回归网络要复杂许多，出现了很多新的类型的网络层，来认识下它们都是什么。

15.4　专家解读

神经网络中最重要的概念就是网络层。宏观上看，一个深度网络中会有一个输入层、一个输出层，夹在输入层和输出层之间的都是隐藏层。通常隐藏层多于 2 个的网络就可以叫深度网络了。不同类型的网络会有不同的网络层。

比如，经典的 BP 网络只有一种网络层：全连接层（见图 15-11）。在 Keras 中全连接层对应的就是 Dense 层，Dense 层的定义如下。

```
keras.layers.core.Dense(units, activation=None,
          use_bias=True,
          kernel_initializer='glorot_uniform',
          bias_initializer='zeros',
          kernel_regularizer=None,
          bias_regularizer=None,
          activity_regularizer=None,
          kernel_constraint=None,
          bias_constraint=None)
```

参数 units 指定这一层神经元的数量；参数 activation 指定使用的激活函数。这两个参数是比较重要的两个参数，其他参数都用默认值就可以了。

比如，图 15-11 所示的这个 BP 网络，我们就可以这么写：

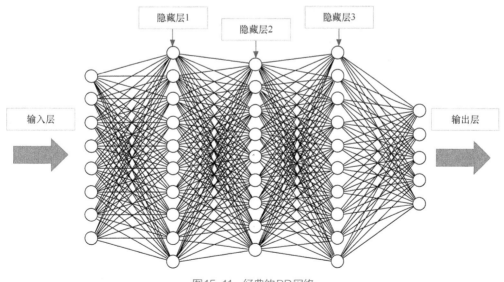

图15-11　经典的BP网络

```
model = Sequential()
```

```
model.add(Dense(10,activation='relu'),input_shape=(8,))
model.add(Dense(8),activation='relu')
model.add(Dense(10),activation='relu')
model.add(Dense(10),activation='softmax')
```

在标准的 CNN 网络中，图 15-12 所示的 VGG16 网络中，会有卷积层、池化层、激活层、Dropout 层、全连接层等，Keras 也提供了对应的网络层类。

最常用的卷积层定义如下：

```
keras.layers.convolutional.Conv2D(filters, kernel_size,
        strides=(1, 1), padding='valid',data_format=None,
        dilation_rate=(1, 1), activation=None,
        use_bias=True,
        kernel_initializer='glorot_uniform',
        bias_initializer='zeros',
        kernel_regularizer=None, bias_regularizer=None,
        activity_regularizer=None,
        kernel_constraint=None, bias_constraint=None)
```

除了 Conv2D 外，还有 Conv1D、Conv3D 分别用于不同场景，不过 Conv2D 最为常用。

卷积的作用是提取图片中的特征。比如经典的 Sober 卷积、Laplacian 卷积都能提取图像边缘信息，从而对图像进行边缘锐化。

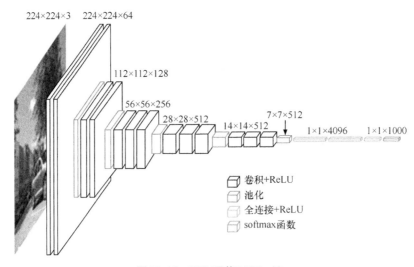

图15-12   CNN网络 VGG-16

图 15-13 中左侧是原始的月球照片，其中的环形山部分边缘不是很清晰。中间是对图片进行 Laplacian 卷积后得到的边缘信息，右边就是用边缘信息锐化后的样子，那些环形山的边缘已经清晰可见了。

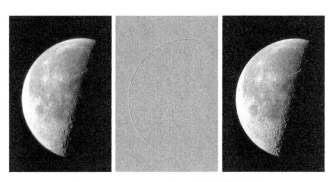

图15-13　Laplacian卷积的边缘锐化效果

CNN 网络中的卷积层也用于提取图像特征，和传统图像卷积处理方式不同的是，这里的卷积核不是提前设计好的，而是由机器自己学习得到的。研究者发现，不同的卷积层提取的特征也是有区别的：越接近输入层的卷积层提取的特征越细粒度化，比如边、角、线；越往后的卷积层提取的图像特征会更概念化，比如眼、耳、鼻、嘴等某个器官，乃至人脸的轮廓，如图 15-14 所示。

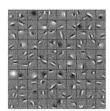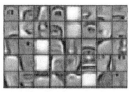

图15-14　不同卷积层提取的特征不同

CNN 网络中第二个重要的层是池化层。池化层的作用是数据降维，目前常用的是 Max Pooling。

```
keras.layers.pooling.MaxPooling2D(pool_size=(2, 2),
                                  strides=None,
                                  padding='valid',
                                  data_format=None)
```

CNN 网络中的第三种层是随机失活层，其定义如下：

```
keras.layers.core.Dropout(rate, noise_shape=None,seed=None)
```

随机失活是一种避免过拟合的技巧。在训练一批样本数据时，它把网络中每一层的神经元按照 rate 概率失活（即不参与计算），如图 15-15 所示。从效果上看，随机失活层相当于训练了很多个不同的子网络，它把传统机器学习中组合的概念引进了神经网络。

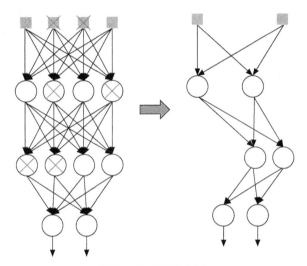

图15-15　随机失活层

Keras 提供了种类丰富的网络层，我们只需要在特定的问题场景下自由搭配即可。这一章只介绍了其中最典型的几个网络层，更多的内容还是请读者参考官方文档。

15.5　小结

通过本章的例子，我们可以总结一下使用 Keras 的步骤，如图 15-16 所示。

图15-16　使用Keras的步骤

其中比较特殊的就是第三步的构建模型和第四步的编译模型。

另外，读者也了解了 Keras 的两个显著特点。

- 模块化：网络层、损失函数、优化器、初始化策略、激活函数、正则化方法都是独立的模块，完全可配置的模块可以用最少的代价自由组合。
- 易扩展：添加新模块超级容易，只需要仿照现有的模块编写新的类或函数即可。创建新模块的便利性使得 Keras 更适合研究工作。

Keras 是一个已经高度模块化的产品。对于新手入门来说，Keras 最大的好处就是代码非常精简。和 TensorFlow 比起来，Keras 的代码至少精简一个数量级，读者通过本章的代码应该有很明显的感受。

第**16**章

识别交通标志

前面用 MNIST 数据集完成了使用深度学习做图片分类的例子。MNIST 数据集是别人准备好的，我们只用一个函数就把所有数据都加载进来了，程序运行起来很简单。但这可不是真实生活。在实际工作中，我们是需要自己准备数据的。

这一章我们用一个实际的例子，带领大家体会完整的项目流程。

在这个项目中要完成交通标志的自动识别，这个例子在无人驾驶或者与交通相关的项目都有应用。希望读者通过这个实际任务可以掌握好 Keras 这个工具，以后做其他图像分类项目也可以得心应手。

16.1 认识数据

首先看下数据，这个数据集包含 train、test 两个文件夹，如图 16-1 所示。

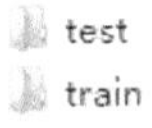

test
train

图16-1 数据集顶层目录

在每个文件夹下又有62个子目录，如图 16-2 所示。每个子目录代表一类交通标志，可以用子目录的名字作为类别的标签。

每个子目录下是一种交通标志的若干张图片，如图 16-3 所示。

在训练数据文件夹下一共有 4575 张图片，图片的大小不一致。测试数据文件夹下有 2520 张图片，图片的大小也都不一致。

图16-2 每个子文件夹是一个标志

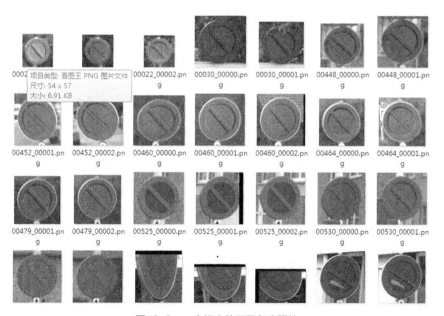

图16-3 一个标志的不同角度照片

　　4000 张图片的数据体量在深度学习的图像识别场景中并不算多，甚至是比较少的。一个比较流行的观点是：深度学习只有在海量数据时才有意义。尽管这个观点不完全准确，但是样本数量不足对于图像分类来说是个大麻烦。而很多真实世界中的图片获取也是有困难的，比如对医学图像，每张图片都意味着一个承受痛苦的患者。对于一些小企业来说，即使买得起高端设备，也很难构造一个 ImageNet 规模的图片库。我们能得到的样本数目很有限，所以对数据工作者而言，我们应该尽量"榨干"少量数据的全部价值，而不是简单地伸手要更多的数据。

　　关于怎么样"榨干"有限数据集的问题暂且放在一边，先看如何把图片文件转换成神经网络需要的格式。

16.2　从图片文件到张量

　　我们要处理的第一个问题就是怎么样把图片文件转换成张量格式。这里要用到两个工具包：一个是 OpenCV，这是个著名的图像处理库，Keras 内部的很多图像处理功能是用它完成的；另一个包叫 imutils。这两个工具包没有依赖关系，安装顺序没有要求。

　　可以通过下面的命令安装 OpenCV：

```
pip install opencv-python
pip install opencv-contrib-python
```

　　然后继续安装另一个工具包 imutils：

```
# pip install imutils
```

　　imutils 包提供了一些辅助方法，比如通过 list_images 方法可以获得一个目录下的所有图片文件列表，包括子目录中的图片。

　　接下来定义一个函数，它把某个目录下的所有图片文件读入内存，缩放成统一的尺寸 IMG_WIDTH * IMG_HEIGHT，最后返回一个包含了全部图片的 4 阶张量，具体代码如下。

图像转张量

```
1. from imutils import paths
2. import random
```

```
3. import os
4. from keras.utils import to_categorical
5.
6. def imgs_to_narray(path):
7.     print("[INFO] loading images...")
8.     data = np.zeros([1,IMG_WIDTH,IMG_HEIGHT,3])
9.     labels = [0]
10.    # 图片文件路径
11.    imagePaths = list(paths.list_images(path))
12.    random.seed(42)
13.    random.shuffle(imagePaths)
14.    # 遍历所有图片
15.    for imagePath in imagePaths:
16.        # 图片的加载预处理
17.        image = process_img_2(imagePath,
18.                         (IMG_WIDTH,IMG_HEIGHT))
19.        # 根据图片所在目录对图片进行标注
20.        label = int(imagePath.split(os.path.sep)[-2])
21.
22.        data = np.vstack((data, image))
23.        labels.append(label)
24.
25.
26.    labels=np.array(labels)
27.    labels = labels[1:]
28.    data = data[1:, :]
29.
30.    data = data / 255.0
31.
32.    # 对图像标签进行编码
33.    labels = to_categorical(labels, num_classes=CLASS_NUM)
34.    return data,labels
```

［代码说明］

- 第 8 行代码：data 是用来存放所有图片的 4 维数组或 4 阶张量，第一个元素是全 0 数组，仅用于占位。真正的图片数据从第二个元素开始。

- 第 9 行代码：labels 用来存放图片的标签，同样第一个元素用于占位，真正的图片从第二个元素开始。
- 第 11 ~ 13 行代码：用 imutils 中的 list_images 方法一次性得到指定目录下所有图片的文件路径，包括子目录下的图片文件，然后对文件名列表打乱重排。
- 第 15 ~ 23 行代码：读入所有图片，将其缩放成统一尺寸，追加到 data 数组中，同时把图像标签（子目录名）追加到 labels 中。这里用到了 process_img_2 函数，这个函数在后面讲解。
- 第 26 ~ 28 行代码：提取真正的图片数据和标签数据，去掉占位符。
- 第 30 行代码：对图像数据做归一化。
- 第 33 ~ 34 行代码：对图像标签做 One-Hot 编码。

上述代码的第 17 行用到了 process_img_2 函数，该函数的定义如下。

opencv 读入图像

```
1. import cv2
2. import numpy as np
3. #如果路径中没有中文，可以直接用下面这个方法
4. def process_img_2(img_path,img_size):
5.     img = cv2.imread(img_path)
6.     img2 = cv2.resize(img, img_size)
7.     img_array = np.expand_dims(img2,axis = 0)
8.     return img_array
9.
10.#支持中文路径
11.def cv_imread(file_path ):
12.    img_mat = cv2.imdecode(np.fromfile(
13.      file_path,dtype=np.uint8),-1)
14.    return img_mat
15.
16.def img_resize(img,img_size ):
17.    img2 = cv2.resize(img, img_size,
18.                interpolation = cv2.INTER_AREA)
```

```
19.    return img2
20.
21.def process_img(img_path,img_size):
22.    img = cv_imread(img_path)
23.    img2 = img_resize(img,img_size)
24.    img_array = np.expand_dims(img2,axis = 0)
25.    return img_array
```

我们用 OpenCV 的 imread 读取图片文件，如果文件路径名中有中文，imread 不能正常工作。如果遇到这种情况读者可以使用 process_img 函数。如果文件路径名中没有中文，则使用 process_img_2 函数即可。

这两个函数都是做 3 件事：

- 读入图片文件；
- 把图片缩放成统一尺寸；
- 把三维数组增加一个维度变成四维。

这个操作比较耗时，为了避免训练过程中重复这个任务，我们可以提前把整个目录下的图片处理成图像数组并持久保存。以后就可以直接从磁盘读取图像数组，而不用重复读取图像文件了。

我们定义以下辅助方法，分别完成图像数组的持久化和加载：

数据保存

```
1. def save_npz(file_name,data,label):
2.    np.savez(file_name + '.npz', imgs=data,
3.           labels=label)
4.
5. def img_to_npz(img_path = u'./data'):
6.    train_file_path = img_path+'/train'
7.    test_file_path = img_path+'/test'
8.
9.    trainX,trainY = imgs_to_narray(train_file_path)
10.   testX,testY = imgs_to_narray(test_file_path)
11.
12.   train_npz_path = img_path + '/npz/train'
```

```
13.    test_npz_path = img_path + '/npz/test'
14.
15.    save_npz(train_npz_path,trainX,trainY)
16.    save_npz(test_npz_path,testX,testY)
```

［代码说明］

- 第 1 ~ 3 行代码：辅助方法 save_npz，用 NumPy 的 savez 方法把图像数组保存成压缩格式，扩展名为 .npz。
- 第 5 ~ 16 行代码：辅助方法 img_to_npz，它把指定目录下的 train、test 两个目录下的图片各自转换成一个图像数组并保存到磁盘上。

继续定义配套的读入数据的辅助方法，这两个方法比较简单：

数据加载

```
1. def _load_npz(file_name):
2.     with np.load(file_name) as data:
3.         img = data['imgs']
4.         labels = data['labels']
5.         return img,labels
6.
7. def load_npz(img_path = u'./data'):
8.     train_npz_path = img_path + '/npz/train'
9.     test_npz_path = img_path + '/npz/test'
10.    trainX,trainY = _load_npz(train_npz_path + '.npz')
11.    testX,testY = _load_npz(test_npz_path + '.npz')
12.
13.    return trainX,trainY,testX,testY
```

完成这些函数定义之后，我们在 train、test 两个目录同级的位置创建一个名为 npz 的子目录，如图 16-4 所示。

图16-4   目录位置

然后执行：

```
img_to_npz()
```

函数运行成功后，npz 目录下会出现两个 .npz 文件，如图 16-5 所示。后续的模型训练将以这两个文件为主要操作对象，而不再是直接操作图片文件了。

test.npz
train.npz

图16-5 两个 .npz 文件

这一阶段，我们完成了数据的预处理，接下来就是搭建网络模型了。

Keras 中的 ImageDataGenerator.flow_from_directory 可以直接处理目录方式和文件方式的数据集。

16.3 搭建网络模型

在第 15 章我们详细地解释了 CNN 网络的搭建，所以接下来的代码，读者应该不陌生。

搭建网络

```
1. from keras.models import Sequential
2. from keras.layers.convolutional import Conv2D
3. from keras.layers.convolutional import MaxPooling2D
4. from keras.layers.core import Activation
5. from keras.layers.core import Flatten
6. from keras.layers.core import Dense
7. from keras import backend as K
8.
9. class SimpleNet:
10.    @staticmethod
11.    def model(width, height, depth, classes):
```

```
12.        inputShape = (height, width, depth)
13.        if K.image_data_format() == "channels_first":
14.            inputShape = (depth, height, width)
15.
16.        # 使用 Sequential 模型
17.        model = Sequential()
18.
19.        # 网络结构之 CONV => RELU => POOL
20.        model.add(Conv2D(20, (5, 5),padding="same",
21.                        input_shape=inputShape))
22.        model.add(Activation("relu"))
23.        model.add(MaxPooling2D(pool_size=(2, 2),
24.                            strides=(2, 2)))
25.        # 网络结构之 CONV => RELU => POOL
26.        model.add(Conv2D(50, (5, 5), padding="same"))
27.        model.add(Activation("relu"))
28.        model.add(MaxPooling2D(pool_size=(2, 2),
29.                            strides=(2, 2)))
30.        # 网络结构之 FC => RELU
31.        model.add(Flatten())
32.        model.add(Dense(500))
33.        model.add(Activation("relu"))
34.
35.        # softmax 分类器
36.        model.add(Dense(classes))
37.        model.add(Activation("softmax"))
38.
39.        return model
```

这段代码读者应该熟悉了，我们建的是个很小的卷积网络，只有很少的几层，每层卷积核的数目也不多，这个网络结构如图 16-6 所示。

注意参数数量：一共有 165 万个参数需要学习，而训练图片一共只有 4000 张！我很担心这个网络是否会出现过拟合。

```
Layer (type)                  Output Shape            Param #
=================================================================
conv2d_3 (Conv2D)             (None, 32, 32, 20)      1520
_____
activation_5 (Activation)     (None, 32, 32, 20)      0
_____
max_pooling2d_3 (MaxPooling2  (None, 16, 16, 20)      0
_____
conv2d_4 (Conv2D)             (None, 16, 16, 50)      25050
_____
activation_6 (Activation)     (None, 16, 16, 50)      0
_____
max_pooling2d_4 (MaxPooling2  (None, 8, 8, 50)        0
_____
flatten_2 (Flatten)           (None, 3200)            0
_____
dense_3 (Dense)               (None, 500)             1600500
_____
activation_7 (Activation)     (None, 500)             0
_____
dense_4 (Dense)               (None, 62)              31062
_____
activation_8 (Activation)     (None, 62)              0
=================================================================
Total params: 1,658,132
Trainable params: 1,658,132
Non-trainable params: 0
```

图16-6　网络结构

16.4　训练模型

网络搭建好后，接下来就是训练模型了，同样，我们用一个函数封装训练过程。

模型训练方法

```
1. from keras.optimizers import Adam
2. from keras.callbacks import ModelCheckpoint
3. from keras.callbacks import EarlyStopping
4. from keras.callbacks import TensorBoard
5.
6.
7. def train(model,trainX,trainY,testX,testY):
8.     # 初始化回调
```

```
9.    checkpoint = ModelCheckpoint(
10.       'first_model-{epoch:03d}.h5',
11.       monitor='val_loss',
12.       verbose=0,
13.       save_best_only=True,
14.       mode='min')
15.
16.   early_stop = EarlyStopping(monitor='val_loss',
17.                     min_delta=.0005,
18.                     patience=4,
19.                     verbose=1, mode='min')
20.
21.   tb = TensorBoard(
22.       log_dir='./logs/first_traffic_sign',
23.       histogram_freq=0,
24.       batch_size=20, write_graph=True,
25.       write_grads=True,write_images=True,
26.       embeddings_freq=0,embeddings_layer_names=None,
27.       embeddings_metadata=None)
28.
29.   opt = Adam(lr=INIT_LR, decay=INIT_LR / EPOCHS)
30.   model.compile(loss="categorical_crossentropy",
31.             optimizer=opt,metrics=["accuracy"])
32.
33.   # 训练网络
34.   print("[INFO] training network...")
35.   H = model.fit(trainX,trainY, batch_size=BS,
36.             validation_data=(testX, testY),
37.             epochs=EPOCHS,
38.             callbacks=[tb, checkpoint, early_stop],
39.             verbose=1
40.             )
41.
42.   model.save('first_traffic_set_1.h')
43.   return H
```

［代码说明］

- 第 9 ~ 27 行代码：定义了 3 个回调，回调本身和模型训练没有关系。
- 第 29：定义优化器。
- 第 30 行代码：编译模型。
- 第 35 ~ 39 行代码：训练模型。
- 第 42 行代码：保存模型。

Keras 的回调机制

和大多数框架一样，Keras 也提供了回调机制，可以对模型训练过程中发生的状况进行监控和反馈。下面是最常用到的 3 种回调。

ModelCheckpoint：很多数据系统都会有检查点机制，比如 Spark、Oracle。检查点机制会在模型训练过程中把一些中间状态保存到磁盘文件中，如果出现断电等情况，模型可以从检查点状态恢复并继续训练，而不用完全从零开始。所以检查点是一种保证系统高可靠性的机制，可以实现所谓的断点续传的功能。它和深度学习本身没有关系。

EarlyStopping：深度学习模型的训练都是多轮次的，每轮训练结束时，可以用验证数据集对其进行测试并得到分数。如果连着几轮学习后分数都没有提升，就意味着模型进入了无效学习状态，可以提前终止训练了。

TensorBoard：TensorFlow 中有一个非常好用的可视化工具 TensorBoard，Keras 把训练过程中的指标记录在 TensorBoard 格式的日志中，我们就可以从 TensorBoard 中观察模型的实时训练状态了。

这些回调机制既不是模型训练本身，也不属于模型优化，仅是从工程上提供的一些便利工具而已。

把所有这些函数放在一起：

main 函数

```
1. def main():
2.     trainX,trainY,testX,testY = load_npz()
3.     model = SimpleNet.model(width=IMG_WIDTH,
4.                             height=IMG_HEIGHT,
5.                             depth=3, classes=CLASS_NUM)
```

```
6.      H=train(model,trainX,trainY,testX,testY)
7.      return H
```

然后用下面的命令开始训练模型：

```
H= main()
```

模型训练过程中会有图 16-7 所示的输出。

```
[INFO] training network...
Train on 4575 samples, validate on 2520 samples
Epoch 1/35
4575/4575 [==============================] - 22s 5ms/step - loss: 1.7962 - acc: 0.5801 - val_loss: 0.8459 - val_acc: 0.8087
Epoch 2/35
4575/4575 [==============================] - 22s 5ms/step - loss: 0.4458 - acc: 0.8868 - val_loss: 0.4631 - val_acc: 0.8698
Epoch 3/35
4575/4575 [==============================] - 21s 5ms/step - loss: 0.1728 - acc: 0.9598 - val_loss: 0.3794 - val_acc: 0.8980
Epoch 4/35
4575/4575 [==============================] - 21s 5ms/step - loss: 0.0983 - acc: 0.9729 - val_loss: 0.2962 - val_acc: 0.9194
Epoch 5/35
4575/4575 [==============================] - 21s 5ms/step - loss: 0.0567 - acc: 0.9847 - val_loss: 0.2899 - val_acc: 0.9234
Epoch 6/35
4575/4575 [==============================] - 21s 5ms/step - loss: 0.0268 - acc: 0.9941 - val_loss: 0.4053 - val_acc: 0.8829
Epoch 7/35
4575/4575 [==============================] - 22s 5ms/step - loss: 0.0294 - acc: 0.9921 - val_loss: 0.2778 - val_acc: 0.9310
Epoch 8/35
4575/4575 [==============================] - 21s 5ms/step - loss: 0.0566 - acc: 0.9878 - val_loss: 0.2879 - val_acc: 0.9405

4575/4575 [==============================] - 21s 5ms/step - loss: 6.0886e-04 - acc: 1.0000 - val_loss: 0.2255 - val_acc: 0.9567
Epoch 19/35
4575/4575 [==============================] - 22s 5ms/step - loss: 7.4973e-04 - acc: 0.9998 - val_loss: 0.2302 - val_acc: 0.9552
Epoch 20/35
4575/4575 [==============================] - 22s 5ms/step - loss: 1.6787e-04 - acc: 1.0000 - val_loss: 0.2386 - val_acc: 0.9540
Epoch 00020: early stopping
```

图16-7   模型训练的输出

最终，模型在训练集上准确率达到 100%，在测试集上的准确度达到 93%。

因为代码中使用了回调机制，所以可以在 TensorBoard 中观察指标的变化，如图 16-8 所示。

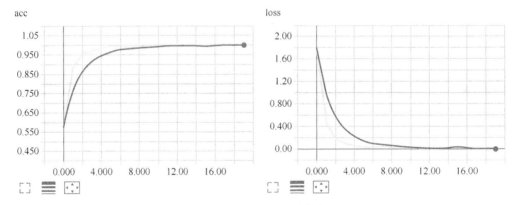

图16-8   TensorBoard上的表现

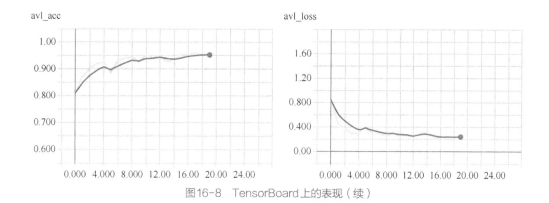

图16-8　TensorBoard上的表现（续）

目前，我们得到的结果已经非常理想。如果不理想，该如何改进呢？

16.5　图像增强改进

为了尽量利用有限的训练数据，我们将使用所谓的数据增强技术，即对图片进行一系列的随机变换，包括通过翻转、旋转、放缩等变换来得到不同的图片。这样一张图片可以衍生出无穷多的图片。这有利于抑制过拟合，使得模型的泛化能力更好。

Keras 自带了一个增强工具——ImageDataGenerator，这个也算是 Keras 用户特有的福利。从名字就可以看出来，这个工具是 Python 中的生成器，用户只需要设置好数据增强的各个参数，然后用 flow 函数将原数据传入，生成器就会源源不断地输出从原数据增强出的数据。训练的时候我们就可以一直从这里面取出数据来作为训练集。

原始图片如图 16-9 所示。

图16-9　你猜这只猫是真的还是假的

看看图像增强到底做了些什么？

运行下面的测试代码。

图像增强测试

```
1. from keras.preprocessing.image import ImageDataGenerator, array_to_img,
   img_to_array, load_img
2.
3. datagen = ImageDataGenerator(
4.         rotation_range=40,
5.         width_shift_range=0.2,
6.         height_shift_range=0.2,
7.         shear_range=0.2,
8.         zoom_range=0.2,
9.         horizontal_flip=True,
10.       fill_mode='nearest')
11.
12. img = load_img('what.png')
13. x = img_to_array(img)
14. x = x.reshape((1,) + x.shape)
15.
16. # 不断地执行flow() 命令就可以产生变换的图片
17.
18. i = 0
19. for batch in datagen.flow(x, batch_size=1,
20.                   save_to_dir='img_augment',
21.                   save_prefix='cat',
22.                   save_format='png'):
23.     i += 1
24.     if i > 200:
25.         break
```

代码运行结束后，我们会在 img_augment 目录中看到 200 张对原始图片变换后的图片，图 16-10 是其中的 4 张。

［代码说明］

● 第 3 ~ 10 行代码创建了一个图像增强生成器的实例，并定义了一些图像变换的选项，代码中显示的只是一部分选项，全部选项还是查看官方文档。我们来解释下出现的几个选项的含义。

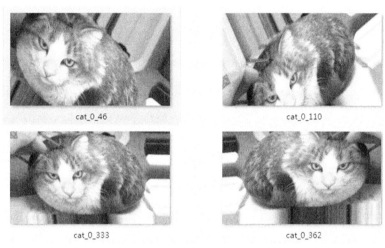

cat_0_46

cat_0_110

cat_0_333

cat_0_362

图16-10 部分节选

✓ rotation_range：用来指定图片的随机旋转角度，范围为 0 ~ 180° 。

✓ width_shift_range 和 width_shift_range：用来指定水平和竖直方向随机移动的程度，范围为 0~1。

✓ shear_range：定义进行切变的幅度。

✓ zoom_range：用来进行随机放大。

✓ horizontal_flip：随机地对图片进行水平翻转；

✓ fill_mode：用来指定当需要进行像素填充时，如何填充像素值。

- 第 12 ~ 14 行代码：读入原始图片。
- 第 18 ~ 25 行代码：用生成器的 flow 方法为其提供原始图片，并源源不断地获得新的图片数据，这些图片被保存在 save_to_dir 定义的目录下。save_prefix、save_format 定义了文件名的前缀和后缀。

通过这个例子，我们能够了解数据增强究竟做了什么事。

如果要使用数据增强，之前的代码需要做如下修改，首先是 main 函数。

使用图像增强

```
1. def main():
```

```
2.    trainX,trainY,testX,testY = load_npz()
3.    model = SimpleNet.model(width=IMG_WIDTH,
4.                            height=IMG_HEIGHT, depth=3,
5.                            classes=CLASS_NUM)
6.
7.    aug = ImageDataGenerator(rotation_range=30,
8.                            width_shift_range=0.1,
9.                            height_shift_range=0.1,
10.                           shear_range=0.2,
11.                           zoom_range=0.2,
12.                           horizontal_flip=True,
13.                           fill_mode="nearest")
14.
15.   H=train(model,aug,trainX,trainY,testX,testY)
16.   return H
```

[代码说明]

- 第 7 ~ 13 行代码：创建了数据增强生成器的实例，并设置了部分参数。
- 第 15 行代码：在训练模型的接口中，要把这个生成器传递进去。

第二个要修改的是 train 方法，修改后的代码如下：

使用 generator 的 train 方法

```
1. def train(model,aug,trainX,trainY,testX,testY):
2.    # 初始化回调
3.    checkpoint = ModelCheckpoint(
4.        'second_model-{epoch:03d}.h5',
5.        monitor='val_loss',
6.        verbose=0,save_best_only=True,mode='min')
7.
8.    early_stop = EarlyStopping(monitor='val_loss',
9.                              min_delta=.0005,
10.                             patience=4,
11.                             verbose=1, mode='min')
12.   tb = TensorBoard(
13.       log_dir='./logs/second_traffic_sign',
```

```
14.          histogram_freq=0,
15.          batch_size=20, write_graph=True,
16.          rite_grads=True,
17.          write_images=True, embeddings_freq=0,
18.          embeddings_layer_names=None,
19.          embeddings_metadata=None)
20.
21.   opt = Adam(lr=INIT_LR, decay=INIT_LR / EPOCHS)
22.   model.compile(loss="categorical_crossentropy",
23.               optimizer=opt,metrics=["accuracy"])
24.
25.   # 训练网络
26.   print("[INFO] training network...")
27.
28.   H = model.fit_generator(
29.      aug.flow(trainX, trainY, batch_size=BS),
30.      validation_data=(testX, testY),
31.      steps_per_epoch=len(trainX) // BS,              epochs=EPOCHS,
32.      callbacks=[tb, checkpoint, early_stop],
33.      verbose=1)
34.
35.   model.save('second_traffic_set.h')
36.   return H
```

[代码说明]

- 第 1 行代码：函数接口参数中多了一个 aug，代表生成器。
- 第 28 ~ 30 行代码：由于使用了数据生成器，所以不再用 fit 方法，而使用 fit_generator 方法。Keras 对 fit、predict、evaluate 这些函数都有一个配对的 generator 方法，这个方法用来解决数据分批次训练的问题。

16.6　小结

卷积神经网络作为深度学习的支柱，是当前最好的模型之一。即使只有少量的数据，神经网络也能学得不错，依然能够得到合理的结果，而且数据量越大，学习效果越好。总之：卷积大法好。

这一章我们用一个实际的例子体会了用 Keras 图像识别的全套步骤，尤其是在数据量不足的时候，如何借助数据增强尽可能地榨干数据中的价值。

深度学习模型天然具有可重用性，比如可以把一个在 ImageNet 上训练好的图像分类模型重用在另一个很不一样的问题上，而只做有限的一点改动即可。尤其在计算机视觉领域，许多经典模型现在都可以公开下载，所以如何重用这些经典模型、站在巨人的肩膀上前进是一件很有意义的工作。

第**17**章
站在巨人的肩膀上

神经网络之所以沉寂了近 10 年后突然火爆，很大原因在于它在计算机视觉领域中取得的成功。尽管 Hinton 早在 2006 年就提出深度学习（Deep Learning）的概念，学术界的大牛还是表示不服。据说当年 Hinton 的学生在台上讲解时，台下的机器学习"大牛"不屑一顾，质问：你们的东西有理论推导吗？有数学基础吗？搞得过 SVM 吗？

的确，是骡子是马，拉出来遛遛，不要光提个概念。很可惜，当时落后的计算机还撑不起 Hinton 的梦想。

直到 2012 年，Hinton 的学生用 GPU 完成了一个深度学习模型，一举摘下了视觉领域竞赛 ILSVRC 2012 的桂冠，在百万量级的 ImageNet 数据集合上，深度学习的表现大幅度超过以 SVM 为代表的传统方法，把准确率从之前的 70% 多提升到 80% 多。从此，深度学习一发而不可收，ILSVRC 每年都不断被深度学习刷榜，详见图 12-9。随着模型越来越深，Top-5 的错误率也越来越低，目前降到了 3.5% 附近。而在同样的 ImageNet 数据集合上，人眼的辨识错误率大概在 5.1%，也就是说目前的深度学习模型的识别能力已经超过了人眼。也正因为如此，深度学习当下已成为计算机视觉应用中的不二选择。

Keras 的用户是幸福的，因为 Keras 已经集成了这些经典的网络模型，包括模型结构和模型参数，所以我们可以直接拿来用。Keras 集成了下面这些模型。

- VGG16
- VGG19
- Inception_ResNet_v2
- Inception_v3
- ResNet50
- xception

- mobileNet
- Nasnet

守着这些模型"宝山"我们能做些什么呢？接下来看一些例子。

我们将以 VGG16 为例演示这些模型的使用方法。之所以选择 VGG16，是因为它的参数数量比较少，不需要太多的资源。

17.1　代码实战1：用VGG16做图像识别

要知道，ImageNet 数据集中涵盖了 1000 个物品类别，我们可以把 VGG16 的结果拿过来，直接用它做预测。首先加载模型文件：

加载 VGG 模型

```
1. from keras.applications.vgg16 import VGG16
2. model = VGG16(weights='imagenet')
```

注意：这个方法会去 GitHub 上拉取模型文件，所以要确保网络畅通。

另外，模型文件有两种：一种是带有顶层结构，另一种不带顶层结构（文件名最后有 notop 字样）。前者可以直接用于图像识别，后一种通常用于生成图像特征。两个文件大小相差甚远。

下载的模型文件会放在 home/.keras/models 目录下，比如在我的 Windows 笔记本上，上面代码下载的文件就是图 17-1 中间那个大小约为 500MB 的 h5 文件。

图17-1　下载的模型文件

一旦模型加载成功，我们就可以试着做图像识别了，找张图片试试。这里用的测试图片如图 17-2 所示。

图17-2　测试图片

直接用 VGG 做图像识别

```
1. from keras.preprocessing import image
2. from keras.applications.imagenet_utils import decode_predictions
3. import numpy as np
4. from keras.models import Model
5. import time
6. model = VGG16(weights='imagenet')
7.
8. img_path = "what.png"
9. img = image.load_img(img_path, target_size=(224, 224))
10.x = image.img_to_array(img) #(224,224,3)
11.x = np.expand_dims(x, axis=0)   #(1,224,224,3)
12.y_pred = model.predict(x)
```

这段代码最核心就是最后一行，它是利用现成的 VGG 模型对图片类别做预测，前面几行代码是把图片从磁盘读入内存，并转换成模型需要的格式。

可以用下面代码查看预测结果：

```
1. print('预测%s (类名, 语义概念, 预测概率) = %s' %
   (img_path,decode_predictions(y_pred)))
```

```
2. print('类预测:', decode_predictions(y_pred)[0][0][1])#概率最大类
3. print("耗时: %.2f seconds ..." % (time.time() -t0))
```

输出如下：

```
4. 预测what.png（类名，语义概念，预测概率）= [[('n02123045', 'tabby', 0.22657736),
   ('n02869837', 'bonnet', 0.19223228), ('n02124075', 'Egyptian_cat', 0.082637236),
   ('n02123159', 'tiger_cat', 0.063158974), ('n04209133', 'shower_cap',
   0.053729303)]]
5. 类预测: tabby
6. 耗时: 10.16 seconds
```

可以看到，这张图片已经被识别为猫（tabby）。成功！

17.2 代码实战2：特征提取

在传统机器学习中，特征是最影响效果的因素。人们会把大量的精力用在特征工程上，不管是图片、视频、音频、文本，最终都需要向量化的特征。既然深度学习在图像识别上有如此优良的表现，也提示我们可以将其中某些层的输出作为图片的特征放在其他的模型中加以使用。

如图 17-3 所示，研究者认为，对于像 VGG 这样的多个卷积层的网络来说，不同的卷积层得到的特征是不一样的。越接近输入层的卷积层得到的是边、角、线这样的细粒度特征；而越接近输出层的卷积层得到的特征会是人脸轮廓这样的更概括、更具象的特征。

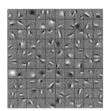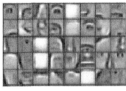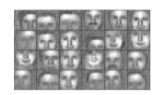

图17-3　CNN不同层提取的特征不同

我们可以把 VGG16 的最后一组卷积块 block5_pool 的输出单独提取出来作为图像的

特征备用，这种方法得到的特征也叫提取特征（bottleneck feature）。下面的代码就完成了这项任务：

提取特征

```
1. base_model = VGG16(weights='imagenet')
2. model = Model(input=base_model.input,
   output=base_model.get_layer('block5_pool').output)
3. x = image.img_to_array(img) #(224,224,3)
4. x = np.expand_dims(x, axis=0)  #(1,224,224,3)
5. block5_pool = model.predict(x)
6. block5_pool.shape
7. (1, 7, 7, 512)
```

提取到的特征可以作为图片的特征向量用于其他任务中，比如图像搜索，推荐系统根据图片推荐。

17.3　代码实战3：迁移学习

除了直接使用已有模型和参数，更多的时候人们会在已经被证明有效的模型上做改进，也就是所谓的迁移学习。VGG 是最常用到的基础网络结构。我们可以仅迁移结构并适当改造，然后用自己的数据集重新训练网络参数。

我们以 VGG16 为例演示这个操作过程。

首先，加载 VGG16 模型，这次不要顶层结构，所以 Keras 会重新下载模型文件。

加载不带顶层结构的 VGG 模型

```
1. model_vgg = VGG16(include_top=False,
2.                weights='imagenet',
3.                input_shape=(48,48,3))
4.
5. model_vgg.summary()
```

这次下载的模型文件是图 17-4 中最后那个带有 notop 字样的文件，大小只有 50MB。

图17-4　下载的文件

接下来，对已有的 VGG16 结构进行改造，添加新的顶层。

添加新的顶层

```
1. from keras.layers import Input,Flatten,Dropout,Dense

2. from keras.models import Model

3. from keras.optimizers import SGD

4.

5. model=Flatten(name='my_vgg_flatten')(model_vgg.output)

6. #下面就是我们在VGG基础上新加的层

7. model = Dense(1024,activation='relu',name='my_fc_1')(model)

8. model = Dropout(0.5,name='my_drop_1')(model)

9. model = Dense(10,activation='softmax',name='my_softmax')(model)

10.

11.my_vgg_model=Model(model_vgg.input,model,name='my_vgg')
```

[代码说明]

- 第 5 行代码：扁平化层接收 VGG 网络的输出。

- 第 7 行代码：添加一个有 1024 个神经元的全连接层。

- 第 8 行代码：添加一个随机失活层。

- 第 9 行代码：添加一个全连接层，激活函数是 softmax，显然这是一个解决 10 分类问题的网络。

- 第 11 行代码：最后创建一个函数式模型，这就是改造后的网络。

可以对比下新结构，图 17-5 就是去掉顶层结构后 VGG 网络的最后一层；图 17-6 是在图 17-5 基础上重新定义的网络，方框中的层就是新添加的。

```
block5_conv3 (Conv2D)        (None, 3, 3, 512)       2359808

block5_pool (MaxPooling2D)   (None, 1, 1, 512)       0
==============================================================
Total params: 14,714,688
Trainable params: 14,714,688
Non-trainable params: 0
```

图17-5　去掉顶层的 VGG 的最后一层

```
block5_conv3 (Conv2D)        (None, 3, 3, 512)       2359808

block5_pool (MaxPooling2D)   (None, 1, 1, 512)       0

my_vgg_flatten (Flatten)     (None, 512)             0

my_fc_1 (Dense)              (None, 1024)            525312

my_drop_1 (Dropout)          (None, 1024)            0

my_softmax (Dense)           (None, 10)              10250
==============================================================
Total params: 15,250,250
Trainable params: 535,562
Non-trainable params: 14,714,688
```

图17-6　改造后的网络

第二种改造方法是同时迁移结构和参数，然后对原始结构进行改造，并保持部分原始参数不变，只训练新的参数，这种做法也叫 fine-tuning。具体实现方式如下。

fine-tuning

```
1. model_vgg = VGG16(include_top=False,
2.                 weights='imagenet',
3.                 input_shape=(48,48,3))
4.
5. for layer in model_vgg.layers:
6.     layer.trainable=False
7.
8. model=Flatten(name='my_vgg_flatten')(model_vgg.output)
9. model = Dense(1024,activation='relu',name='my_fc_1')(model)
```

```
10.model = Dropout(0.5,name='my_drop_1')(model)
11.model = Dense(10,activation='softmax',name='my_softmax')(model)
12.
13.my_vgg_model=Model(model_vgg.input,model,name='my_vgg')
```

[代码说明]

- 第 5 ~ 6 行代码是这种方法的关键，把 VGG 前面几层的参数冻结，不参与训练。
- 第 8 ~ 11 行代码是添加我们自己的顶层。后续的训练就只针对这几层的参数，这一点可以从下面的对比看出来。

读者可以对比一下在经过图 17-7、图 17-8 所示的两种改造后网络需要学习的参数数量。

block5_conv3 (Conv2D)	(None, 3, 3, 512)	2359808
block5_pool (MaxPooling2D)	(None, 1, 1, 512)	0
my_vgg_flatten (Flatten)	(None, 512)	0
my_fc_1 (Dense)	(None, 1024)	525312
my_drop_1 (Dropout)	(None, 1024)	0
my_softmax (Dense)	(None, 10)	10250

```
Total params: 15,250,250
Trainable params: 15,250,250
Non-trainable params: 0
```

图 17-7　方法 1 的参数数量

block5_conv3 (Conv2D)	(None, 3, 3, 512)	2359808
block5_pool (MaxPooling2D)	(None, 1, 1, 512)	0
my_vgg_flatten (Flatten)	(None, 512)	0
my_fc_1 (Dense)	(None, 1024)	525312
my_drop_1 (Dropout)	(None, 1024)	0
my_softmax (Dense)	(None, 10)	10250

```
Total params: 15,250,250
Trainable params: 535,562
Non-trainable params: 14,714,688
```

图 17-8　方法 2 的参数数量

在第一种方法中有 1500 万的参数需要学习，这时图片数量一定要足够多才行。而第二种方法只有 53 万的参数需要学习，学习代价大大降低。

可以用图 17-9 总结前面说到的几种方法。

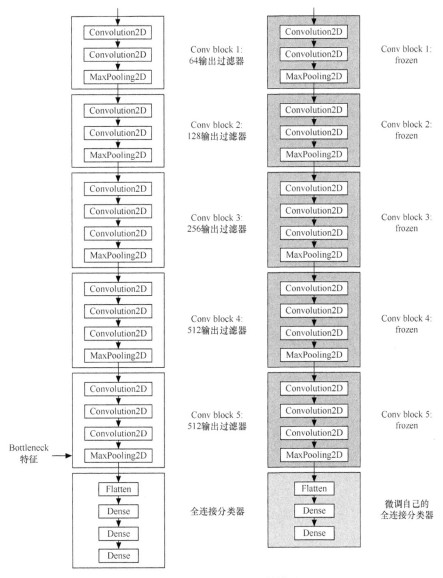

图17-9　如何使用已有网络模型

图 17-9 中左侧的网络是标准的 VGG16，我们可以截获其中某一层的输出作为特征，然后用于其他业务场景。

右侧的网络就是改造后的结构，前面 5 个卷积块冻结，只有最后这个新加的顶层参与训练。

不妨用第二种方法对第 16 章的交通标志识别例子进行改造。我会在 VGG16 的基础上增加一些新的层次，然后只对这些新的层次进行训练。

重新定义一个网络模型。

VGG fine tuning 模型

```
1. from keras.models import Model
2. from keras.layers.core import Activation
3. from keras.layers.core import Flatten
4. from keras.layers.core import Dense
5. from keras.layers.core import Dropout
6. from keras.applications.vgg16 import VGG16
7. from keras import backend as K
8.
9. class VGGNet:
10.    @staticmethod
11.    def model(width, height, depth, classes):
12.        # 初始化模型
13.        inputShape = (height, width, depth)
14.
15.        if K.image_data_format() == "channels_first":
16.            inputShape = (depth, height, width)
17.
18.        model_vgg = VGG16(include_top = False,
19.                          weights = 'imagenet',
20.                          input_shape = inputShape)
21.
22.        for layer in model_vgg.layers:
23.            layer.trainable = False
24.
25.
```

```
    model = Flatten(name='trafic_sing_vgg_flatten')(model_vgg.output)
    model = Dense(500, activation='relu',
                  name='trafic_sign_fc1')(model)
    model = Dropout(0.5)(model)
    model = Dense(CLASS_NUM, activation = 'softmax',
                  name='prediction')(model)
    model_vgg_pretrain = Model(
     model_vgg.input,model,name = 'vgg16_pretrain')

    return model_vgg_pretrain
```

VGG 版的交通标志网络结构如图 17-10 所示，当然这里只显示了最后几层，并没有显示全部层次。

```
_________________________________________________________________
block5_conv1 (Conv2D)        (None, 3, 3, 512)         2359808
_________________________________________________________________
block5_conv2 (Conv2D)        (None, 3, 3, 512)         2359808
_________________________________________________________________
block5_conv3 (Conv2D)        (None, 3, 3, 512)         2359808
_________________________________________________________________
block5_pool (MaxPooling2D)   (None, 1, 1, 512)         0
_________________________________________________________________
trafic_sing_vgg_flatten (Fla (None, 512)               0
_________________________________________________________________
trafic_sign_fc1 (Dense)      (None, 500)               256500
_________________________________________________________________
dropout_4 (Dropout)          (None, 500)               0
_________________________________________________________________
prediction (Dense)           (None, 62)                31062
=================================================================
Total params: 15,002,250
Trainable params: 287,562
Non-trainable params: 14,714,688
_________________________________________________________________
```

图17-10 VGG版交通标志识别网络

遗憾的是，在这个问题场景中，这种方式并没有取得很好的效果，还没有之前搭建的简单网络的效果好。

17.4 经典网络通览

用于图像识别的目的经典网络有以下几种：AlexNet、VGG、GoogLeNet、ResNet。之前已经讨论过 AlexNet 了，现在来认识下后 3 种网络，尤其是它们带来的贡献。

17.4.1 VGG16

2012 年的 Alex Net 以及 2014 年出现的 VGG Net 都属于经典的卷积神经网络，它们都遵循卷积网络的经典布局：一系列卷积层、激活层、池化层，最后是全连接层。

VGG 网络的最大贡献是用多个小的卷积核叠加在一起取代大的卷积核，因为 VGG 的作者认为一个大的卷积核和多个小卷积核叠加的效果是相等的。比如，一个 5×5 的卷积核等价于两个 3×3 的卷积核的效果，这个发现有什么好处呢？

- 多个 3×3 的卷积核比一个大尺寸卷积核有更多的非线性表达能力；
- 多个 3×3 的卷积核比一个大尺寸的卷积核有更少的参数和计算。

VGG 的第二个贡献在于证明了堆叠多个层是提升性能的关键因素，也正是因为这个发现，后来的 CNN 网络开始越来越深。

VGG16 的结构如图 17-11 所示。

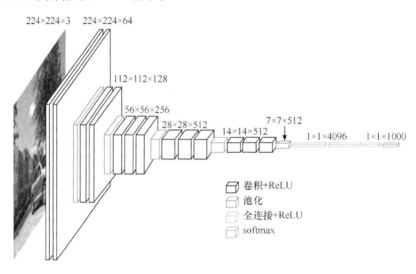

图17-11 VGG16的结构

因为 VGG16 网络如此标准，所以在 Keras 中复制一个 VGG16 网络轻而易举，代码如下。

VGG16 网络

```
1. def VGG_16():
```

```
2.   model = Sequential()
3.   #第1~2层
4.   model.add(Conv2D(64,(3,3),strides=(1,1),
5.                   input_shape=(224,224,3),
6.                   padding='same',
7.                   activation='relu',
8.                   kernel_initializer='uniform'))
9.
10.  model.add(Conv2D(64,(3,3),strides=(1,1),
11.                   padding='same',
12.                   activation='relu',
13.                   kernel_initializer='uniform'))
14.
15.  model.add(MaxPooling2D(pool_size=(2,2)))
16.   #第3~4层
17.  model.add(Conv2D(128,(3,3),
18.                   strides=(1,1),
19.                   padding='same',
20.                   activation='relu',
21.                   kernel_initializer='uniform'))
22.  model.add(Conv2D(128,(3,3),
23.                   strides=(1,1),
24.                   padding='same',
25.                   activation='relu',
26.                   kernel_initializer='uniform'))
27.  model.add(MaxPooling2D(pool_size=(2,2)))
28.   #第5~7层
29.  model.add(Conv2D(256,(3,3),
30.                   strides=(1,1),
31.                   padding='same',
32.                   activation='relu',
33.                   kernel_initializer='uniform'))
34.  model.add(Conv2D(256,(3,3),
35.                   strides=(1,1),
36.                   padding='same',
```

```
37.                   activation='relu',
38.                   kernel_initializer='uniform'))
39.   model.add(Conv2D(256,(3,3),
40.                   strides=(1,1),
41.                   padding='same',
42.                   activation='relu',
43.                   kernel_initializer='uniform'))
44.
45.   model.add(MaxPooling2D(pool_size=(2,2)))
46.     #第8~10层
47.   model.add(Conv2D(512,(3,3),
48.                   strides=(1,1),
49.                   padding='same',
50.                   activation='relu',
51.                   kernel_initializer='uniform'))
52.   model.add(Conv2D(512,(3,3),
53.                   strides=(1,1),
54.                   padding='same',
55.                   activation='relu',
56.                   kernel_initializer='uniform'))
57.   model.add(Conv2D(512,(3,3),
58.                   strides=(1,1),
59.                   padding='same',
60.                   activation='relu',
61.                   kernel_initializer='uniform'))
62.   model.add(MaxPooling2D(pool_size=(2,2)))
63.     #第11~13层
64.   model.add(Conv2D(512,(3,3),
65.                   strides=(1,1),
66.                   padding='same',
67.                   activation='relu',
68.                   kernel_initializer='uniform'))
69.   model.add(Conv2D(512,(3,3),
70.                   strides=(1,1),
71.                   padding='same',
```

```
72.                activation='relu',
73.                kernel_initializer='uniform'))
74.    model.add(Conv2D(512,(3,3),
75.                strides=(1,1),
76.                padding='same',
77.                activation='relu',
78.                kernel_initializer='uniform'))
79.    model.add(MaxPooling2D(pool_size=(2,2)))
80.    #第14～16层,3个全连接层
81.    model.add(Flatten())
82.    model.add(Dense(4096,activation='relu'))
83.    model.add(Dropout(0.5))
84.    model.add(Dense(4096,activation='relu'))
85.    model.add(Dropout(0.5))
86.    model.add(Dense(1000,activation='softmax'))
87.
88.    return model
```

[代码说明]

- VGG16的结构非常整齐，里面包含多个卷积->卷积->池化这样有规则的块结构；

- 卷积层都是 same 卷积，即卷积过后输出图像的尺寸与输入是一致的，它的下采样全部采用最大池化层（max pooling）。

- 卷积核的个数（卷积后的输出通道数）从 64 开始，然后每经过一个池化后卷积核成倍地增加：128、256、512。

- 卷积核的大小都是 3×3 的。

- 两个连接在一起的卷积层等价于模拟了一个 5×5 的卷积层；3个连接在一起的卷积层等价于模拟一个 7×7 的卷积层。

- 最后接 3 个全连接层。

17.4.2　GoogLeNet(Inception)

GoogLeNet 有 4 个版本，第一版是在 2014 年赢得 ILSVRC 比赛的 22 层网络。这个网络结构如图 17-12 所示。

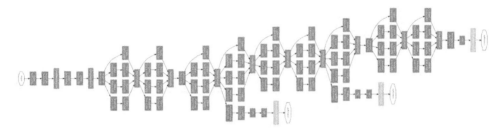

图17-12　GoogLeNet v1

这个网络可以抽象出 9 个 Inception 模块，是一个网中网的结构（见图 17-13）。

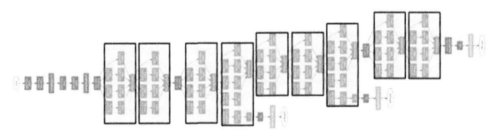

图17-13　9个 Inception 模块

各个版本的 GoogLeNet 都有不同的贡献，以第一版中的 Inception 最为突出。我们来重点看一下 Inception 的贡献。

每个 Inception 模块的内部均如图 17-14 所示，左图为朴素 Inception，右图为带有数据降维功能的 Inception 模块。

在看到一个成功的 CNN 网络时，大家一定很好奇为什么作者要那么设计网络结构？为什么先是卷积层，然后是池化层？为什么顺序不反过来？为什么卷积核的大小是 3×3？其实可以很肯定地说，每一个成功的网络都不是设计出来的，而是不断试错后的结果。

所以 CNN 网络的设计更像是玄学，而不是科学。那么诸如该不该用卷积层，该用什么样的卷积核，该不该用池化层，这些问题能不能也通过自动学习得到，而不再是拍脑袋或者不断试错呢？这就是 Inception 模块的贡献。

另外 Inception 中引入 1×1 的卷积进行特征降维，大幅度地减少了参数数量和计算量。

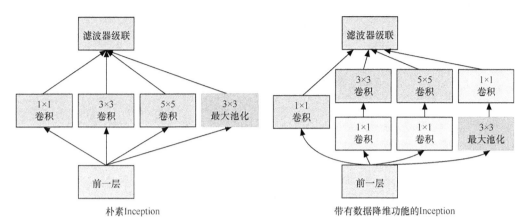

图17-14　Inception 模块

GoogleNet 还取消了最后的全连接层，用全局平均池化层（Global Average Pooling) 代替。所谓 AVG 就是把整张 Feature Map 取一个平均值，更进一步减少了参数的数量。

在 Keras 中搭建 Inception 模块的代码如下。

Inception 模块

```
1. def Conv2d_BN(x, nb_filter,kernel_size, padding='same',
2.          strides=(1,1),name=None):
3.   if name is not None:
4.     bn_name = name + '_bn'
5.     conv_name = name + '_conv'
6.   else:
7.     bn_name = None
8.     conv_name = None
9.
10.   x = Conv2D(nb_filter,kernel_size,
11.          padding=padding,strides=strides,
12.          activation='relu',name=conv_name)(x)
13.   x = BatchNormalization(axis=3,name=bn_name)(x)
14.   return x
15.
16.def Inception(x,nb_filter):
17.   branch1x1 = Conv2d_BN(x,nb_filter,(1,1),
```

```
18.                        padding='same',
19.                        strides=(1,1),name=None)
20.
21.    branch3x3 = Conv2d_BN(x,nb_filter,(1,1),
22.                        padding='same',
23.                        strides=(1,1),name=None)
24.
25.    branch3x3 = Conv2d_BN(branch3x3,nb_filter,(3,3),
26.                        padding='same',
27.                        strides=(1,1),name=None)
28.
29.    branch5x5 = Conv2d_BN(x,nb_filter,(1,1),
30.                        padding='same',
31.                        strides=(1,1),name=None)
32.    branch5x5 = Conv2d_BN(branch5x5,nb_filter,(1,1),
33.                        padding='same',
34.                        strides=(1,1),name=None)
35.
36.    branchpool = MaxPooling2D(pool_size=(3,3),
37.                            strides=(1,1),padding='same')(x)
38.    branchpool = Conv2d_BN(branchpool,nb_filter,(1,1),
39.                        padding='same',
40.                        strides=(1,1),name=None)
41.
42.
43.    x = concatenate([branch1x1,branch3x3,
44.                branch5x5,branchpool],axis=3)
45.
46.    return x
```

最后，简单提下后续两个版本的贡献。相对于 V1 而言，它们的贡献更多的是改进和修补。

V2 的主要贡献是引入了批标准化（Batch Normalization，BN）层，即把每一层的输出都规范化到 0 ~ 1 的范围内。过去人们普遍认为 BN 的作用是减少过拟合，而最新的研究表明，BN 的作用是可以让"解空间"更加平滑，更容易找到最好的解，能允许较高的学习率，能够取代部分的 Dropout。另外，V2 也采用小卷积核叠加替代大卷积核。

V3 的贡献是引入了卷积操作的快速运算方法：非对称卷积，从而在不增加计算量、不增加网络深度的同时实现了一些大尺度的卷积（如 35×35、18×18 卷积）。

17.4.3 ResNet

ResNet 诞生于一个现象：深度网络在增加更多层时会表现得更差！

如图 17-15 所示，横轴代表学习的次数，纵轴代表错误率。研究人员在实验过程中发现，无论是在训练数据集还是测试数据集上，56 层的表现都要比 20 层的效果差。

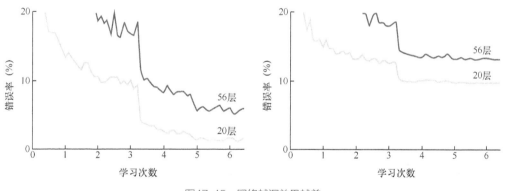

图 17-15　网络越深效果越差

按照我们的直觉，深的网络不会比浅的网络表现差。研究人员把这种现象归因于：随着层数的加深，梯度会消失或者爆炸。其次，随着层次加深，网络本身会退化。

ResNet 的作者将这个问题归结成一个结论：从输入 x 到输出 $H(x)$ 的直接函数映射是很难学习的，即图 17-16 的左侧部分。

他提出了一种修正方法：不再直接学习从 输入 x 到输出之间的映射 $H(x)$，而是学习这两者之间的差异，也就是"残差"（residual）。而我们原来要想得到输出 $H(x)$，就变成了把这个残差加上输入即可。即图 17-16 的右侧部分。

ResNet 网络的主要贡献就是"捷径连接（shortcut connection）"。ResNet 的每一个模块都由一系列层和一个捷径连接组成。数据经过了两条路线：一条是常规路线，另一条则是捷径，有点类似于电路中的"短路"。这个捷径将该模块的输入和输出连接到了一起。然后在元素层面上执行"加法（add）"运算。如果输入和输出的大小不同，那就可以使用零填充或投射（通过 1×1 卷积）来得到匹配的大小。

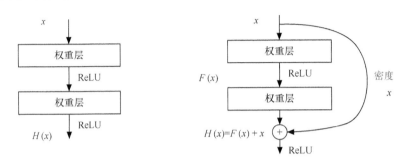

图17-16   ResNet的捷径

本来我们学习的 $H(x)$，是 x 的直接映射，现在 ResNet 模块的输出是：

$$H(x) = F(x) + x$$

如果做个变形，就会得到：

$$F(x) = H(x) - x$$

所以现在的 $F(x)$ 可以看作 $H(x)$ 和 x 二者之间的差异，也就是所谓的残差，因此这种网络叫作残差网络。

通过实验，这种带有捷径的结构确实可以很好地应对退化问题，可以训练更深的网络（已经超过百层），而且它在实践中的效果好得让人吃惊。

另外在 ResNet 网络中，为了减少计算量，也引入了 1×1 卷积层，如图 17-17 所示。

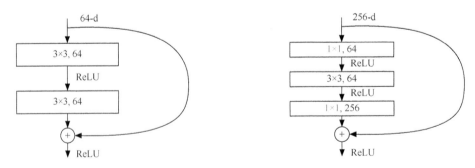

图17-17   ResNet模块

在 Keras 中，我们可以这样实现一个 ResNet 的模块：

ResNet 模块

```
1. def Conv2d_BN(x, nb_filter,kernel_size,
2.              strides=(1,1), padding='same',name=None):
3.     if name is not None:
4.         bn_name = name + '_bn'
5.         conv_name = name + '_conv'
6.     else:
7.         bn_name = None
8.         conv_name = None
9.
10.    x = Conv2D(nb_filter,kernel_size,
11.            padding=padding,strides=strides,
12.            activation='relu',name=conv_name)(x)
13.    x = BatchNormalization(axis=3,name=bn_name)(x)
14.    return x
15.
16.def Conv_Block(inpt,nb_filter,kernel_size,
17.            strides=(1,1), with_conv_shortcut=False):
18.    x = Conv2d_BN(inpt,nb_filter=nb_filter[0],
19.            kernel_size=(1,1),strides=strides,
20.            padding='same')
21.    x = Conv2d_BN(x, nb_filter=nb_filter[1],
22.            kernel_size=(3,3), padding='same')
23.    x = Conv2d_BN(x, nb_filter=nb_filter[2],
24.            kernel_size=(1,1), padding='same')
25.    if with_conv_shortcut:
26.        shortcut = Conv2d_BN(inpt,nb_filter=nb_filter[2],
27.                        strides=strides,
28.                        kernel_size=kernel_size)
29.        x = add([x,shortcut])
30.        return x
31.    else:
32.        x = add([x,inpt])
33.        return x
```

17.5　小结

虽然这一章从头搭建了部分经典的 CNN 网络模型，但其实只是为了让读者感受 Keras 的简单。

迁移学习是一种机器学习技术，我们可以将一个领域的知识（比如 ImageNet）应用到其他领域，从而可以极大地降低从头学习的成本。在实践中，人们通常用来自 VGG16、ResNet、Inception 等经典模型的权重初始化，然后要么将其用作特征提取器，要么就在一个新数据集上对最后几层进行微调。

Keras 中已经集成了这些经典的、成熟的模型。对于纯应用的读者来说，可以从中抓出一个现成的框架出来，然后套在自己的业务场景下。读者所需要做的就是加几个全连接层、正则化层，然后用数据对着最后几层进行训练，基本上可以很快地训练出一个能够工作的成果，所以 Keras 特别适合做迁移学习。

Keras 强调的是快速建模，这一点特别符合工业界的口味，工程上需要快速看到产品，即使刚开始很粗糙，但是要能快速产出原型。

所以，Keras 的用户是幸福的。

附录　工作环境搭建说明

本书采用 Python 编程语言对书中案例进行编码实现。

近几年来，Python 编程语言炙手可热，国内已有很多地区将 Python 纳入中小学课程。现在，随着计算机软硬件的发展，人工智能在沉寂多年之后再次进入活跃期，Python 也凭借其特性成为人工智能领域的首选编程语言。

好吧，不给 Python 打广告了，接下来严肃地介绍一下在人工智能领域为何选择 Python 作为编程语言。

1. 什么是Python

1989 年圣诞节期间，阿姆斯特丹的 Guido van Rossum 为了打发圣诞节的无聊时间，开发了一个新的脚本解释程序，于是就有了 Python。之所以选 Python（大蟒蛇）作为该语言的名字，是因为他是一个名为 Monty Python 的喜剧团体的"死忠粉"。

所以，Python 其实是一门非常古老的语言，它的出生时间要比 Java 还早一年，算起来也算是步入中年了。可为什么 Python 在之前一直默默无闻，这几年却突然"老树开花"了呢？

其实，并不是 Python 语言本身有多大的改进，而是数据时代到来了。回想在大数据刚兴起时，很多人对此都一头雾水，更别提与之相关的云计算等技术了。没想到短短几年时间，这些技术已经成为常规技术。预计在不远的将来，数据处理能力将成为每一位职场人员的基本技能，就像会操作电脑、懂英文、能驾驶汽车那样——谁让我们出生在数据时代呢！

Python 语言之所以是数据科学的标配工具，可以从两点进行解释。首先来看图 1。该图在一定程度上解释了 Python 是数据科学领域首选编程语言的原因。

图 1　Python 生态圈

在 Python 生态圈中，针对数据处理有一套完整且行之有效的工具包，比如 NumPy、pandas、scikit-learn、Matplotlib、TensorFlow、Keras 等。从数据采集到数据清洗、数据展现，再到机器学习，Python 生态圈都有非常完美的解决方案。

套用现在热门的说法，Python 的数据处理功能已经形成了一个完整的生态系统，这是其他编程语言（比如 Java、C++）望尘莫及的，所以 Python 已经成为数据科学领域事实上的标配工具。

再者，Python 语法极其简洁，相较于 Java、C 等编程语言，已经非常接近于人类语言。通过图 2 中两个代码片段的对比，大家可以对此有直观认识。

File I/O in Java:

```java
// get current directory
File dir = new File(".");
File fin=new File(dir.getCanonicalPath()
        + File.separator + "Code.txt");

FileInputStream fis =
            new FileInputStream(fin);

//Construct the BufferedReader object
BufferedReader in = new BufferedReader
        (new InputStreamReader(fis));

String aLine = null;
while ((aLine = in.readLine()) != null)
{//Process each line, here we count
    empty lines
    if (aLine.trim().length() == 0) {
    }
}
// do not forget to close the buffer
reader
in.close();
```

File I/O in Python:

```python
myFile = open("/home/xiaoran/Desktop/
test.txt")

print myFile.read();
```

图 2   Java 代码与 Python 代码的对比

这两个代码片段做的事情相同：

- 打开磁盘上的一个文件；

- 读出其中的内容；

- 打印到屏幕上。

显而易见，Python 代码要更加清晰、明确。

需要说明的是，这个比较并不是说 Python 要比 Java 好，否则也无法解释 Java 多年来一直处于编程语言排行榜的首位，而 Python 只是在最近几年才开始"风头大盛"。编程语言之间没有比较的意义，只能说每种语言都有其特定的适用领域。

比如，Java 是企业级应用开发的首选编程语言，PHP 则是前几年网站开发的首选，最近因为推崇全栈式概念，导致越来越多的人转投 Node.js 阵营。虽然 Python 近乎无所不能，但是无论是企业级应用开发还是网站开发，均不是 Python 的强项。比如就网站开发来说，这么多年以来貌似只有"豆瓣"是采用 Python 开发的。

给初学者的建议

建议初学者先想清职业发展方向，然后再选择要学习的编程工具。如果打算以后从事网站开发，Node.js 是一个很好的选择；如果打算从事数据分析、机器学习相关的职业，Python 无疑是绝佳选择。

2. 本书所需的工作环境

从一定程度上来说，编程是一个体力工作。要想学好 Python，必须通过高强度的编码实践来强化"肌肉记忆"。工欲善其事，必先利其器。为了提升学习效率，良好的学习环境是必不可少的。这里至少需要安装两个软件：Anaconda 和 PyCharm。

Anaconda 是一个比较流行的 Python 解释器，并且还是免费的。初学人员在学习 Python 时，建议不要选择 Python 官方提供的解释器，因为这需要自行手动安装许多第三方扩展包，这对于初学人员来说是一个不小的挑战，甚至会耗尽你的学习热情从而放弃。

读者可以去 Anaconda 官网下载最新的 Anaconda 安装包。

（1）Anaconda 版本选择

众所周知，当前存在 Python 2 和 Python 3 两个版本，这两个版本并不完全兼容，两者在语法上存在明显的差异。下面列出了 Python 2 和 Python 3 的差别：

- 支持 Python 2 的工具包多于 Python 3；
- 目前很多 Python 入门教程采用的都是 Python 2；
- TensorFlow 在 Windows 平台上只支持 Python 3.5 以上的版本。

因此，Anaconda 在 Python 2 和 Python 3 的基础之上也推出了两个发行版本，即 Anaconda 2 和 Anaconda 3。建议大家同时安装 Anaconda 2 和 Anaconda 3，以便从容应对各种情况。

（2）多版本共存的Anaconda安装方式

如果要在计算机上同时安装 Anaconda 2 和 Anaconda 3，并希望能在两者之间自由切换，通行的做法是以其中一个版本为主，另外一个版本为辅，后期即可根据需要在两个版本之间自由切换。作者习惯将 Anaconda 2 作为主版本，将 Anaconda 3 作为辅版本，所以下面的演示也以这种顺序为基础。如果大家想把 Anaconda 3 作为主版本，只需将下面两个安装过程换个顺序即可。

（3）安装Anaconda主版本（Anaconda 2）

Anaconda 主版本的安装很简单，就像安装普通的 Windows 软件那样，一路单击 "Next" 按钮即可。这里只介绍几个重要的安装节点。

在安装 Anaconda 2 时，首先要设置好安装路径。在图 3 中，Anaconda 2 安装在 D 盘的 Anaconda 目录下。

提示

Anaconda 3辅版本也会安装在这个目录下。

选中图 4 中的两个选项，它们各自的作用如下：

- 第一个选项是将 Anaconda 的安装目录添加到系统的 PATH 环境变量中，以便后续在命令行窗口中可以直接用 Python 命令进入 Python 的交互式环境；
- 第二个选项是让 IDE 工具（比如我使用的 PyCharm）能够检测到 Anaconda

主版本，并将其作为默认的 Python 2.7 解释器。

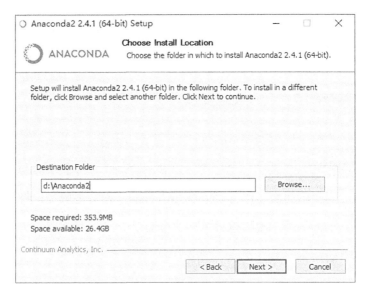

图 3 设置 Anaconda 主版本的安装路径

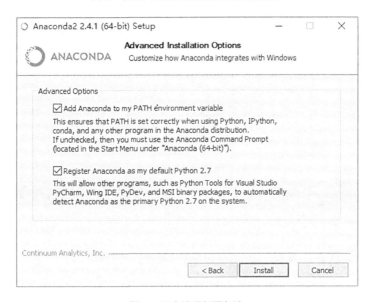

图 4 两个选项都要勾选

在安装完 Anaconda 主版本之后，接下来要安装辅版本。本书将 Anaconda 3 作为辅版本，同样只关注几个重要的安装节点。

（4）安装Anaconda辅版本（Anaconda 3）

必须将 Anaconda 3 安装在 Anaconda 2 安装目录下的 envs 子目录下。下面将 Anaconda 3 安装在 D:\Anaconda2\envs 子目录下，如图 5 所示。

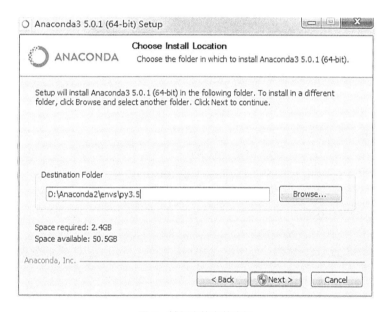

图 5　辅版本的安装路径

在图 5 中，目录后面的 py3.5 是一个子目录的名字。读者可以随意命名该子目录，但是一定要记住这个名字，因为后期在 Anaconda 的主辅版本之间进行切换时会用到这个名字。

图 6 所示的界面中的两个选项都不要勾选，因为已经在安装主版本的 Anaconda 2 时进行了相应设置。

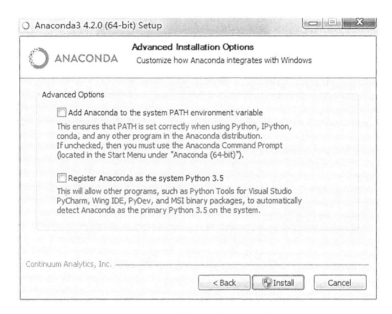

图 6 辅版本的两个选项不要勾选

（5）开发工具的选择

在安装好 Anaconda 之后，就可以编写代码了。当前有两种常见的代码编辑工具：Jupyter Notebook 和 IDE。

Jupyter Notebook 是一种常见的代码编辑工具，类似于在 Web 页面上编写代码，如图 7 所示。这种代码编辑工具的优势是，可以像记笔记那样编写代码，非常便于编程人员之间的交流。但是，这种代码编辑工具并不是工业界的首选。

在企业开发中，IDE 更为常见、通用，因为此时我们要做的并不是代码演示，而是需要做一些真实的工作：代码开发、模块编写、单元测试、集成测试以及版本控制等。这样一来，Jupyter Notebook 这样的工具就无法胜任了。

推荐大家选择 PyCharm 或者微软的 VS Code 作为自己的 IDE 工具。有关 Python IDE 工具的更多信息，感兴趣的读者可自行查询相关资料。

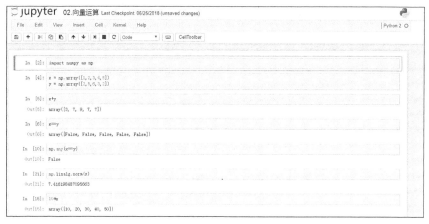

图 7　Jupyter Notebook实例